STARK

TRAINING
MATHEMATIK

Walter Czech

Exponential- und Logarithmusfunktionen, Gebrochenrationale Funktionen

Grundkurs
Grundlagen und
Aufgaben mit Lösungen

STARK

Bildnachweis

Umschlagbild: Texasinstruments Incorporated

S. 1: The Project Physics Course, Unit 6, Holt, Rinehart and Winston, New York, Toronto, 1970; S. 9: A People and a Nation. A History of the United States. Houghton Mifflin Company Boston, 1986; S. 35: Dr. Christian Finger, Burghausen: S. 55: Dunham, William: Mathematik von A – Z, Birkhäuser Verlag, Basel/ Boston/ Berlin, 1996; S. 83: © by Bernard Myers 1977, Abdruck mit Genehmigung von Doubleday, New York und Liepman AG, Zürich; S. 95: Mauritius

ISBN: 3-89449-314-3

D-85318 Freising · Postfach 1852 · Tel. (08161) 1790
v 05-02

Inhalt

Vorwort

Exponentialfunktionen 1

1. Grundlegende Eigenschaften 2
2. Exponentialgleichungen und Logarithmusfunktionen 10
3. Rechnen mit Logarithmen 14
4. Ableitung und Stammfunktionen der natürlichen Exponentialfunktion 18
5. Flächenberechnungen bei einfachen Exponentialfunktionen 23
6. Diskussion von natürlichen Exponentialfunktionen 27
7. Vermischte Aufgaben 33

Natürliche Logarithmusfunktion 35

1. Grundlegende Eigenschaften 36
2. Elemente einer Kurvendiskussion 40
3. ln |x| als Stammfunktion, Flächenberechnung 43
4. Kurvendiskussion mit Flächenberechnung 46
5. Vermischte Aufgaben 51

Gebrochenrationale Funktionen 55

1. Definitionslücken und Nullstellen 56
2. Graph in der Umgebung einer Definitionslücke, senkrechte Asymptoten 59
3. Verhalten im Unendlichen, horizontale Asymptote, schräge Asymptote 62
4. Kurvendiskussion 68
5. Integration und Flächenberechnung 76
6. Vermischte Aufgaben 81

(Fortsetzung nächste Seite)

Übungstests und Übungsklausuren 83

1. Aufgaben zu Exponentialfunktionen 84
2. Aufgaben zur natürlichen Logarithmusfunktion 88
3. Aufgaben zu gebrochenrationalen Funktionen 90

Lösungen 95

1. Lösungen der Übungsaufgaben 96
2. Lösungen der Übungstests und Übungsklausuren 198

Autor: Walter Czech

Vorwort

Liebe Schülerin, lieber Schüler,

die Mathematik ist eine besonders geeignete Sprache zur Beschreibung, Erörterung und Veranschaulichung von Sachverhalten, die wirklich kompliziert sind. Je komplexer die Struktur, umso schwieriger ist sie denkend zu erfassen. Worte sind häufig unzulänglich. Hier hilft die Mathematik mit ihrer Formelsprache.

Eine besonders wichtige Rolle spielen funktionale Zusammenhänge. Man kann sagen, dass uns Funktionen überall umgeben. Dieses Buch macht Sie nun mit einer besonderen Klasse von Funktionen vertraut: **Exponential- und Logarithmusfunktionen** sowie **gebrochenrationale Funktionen.**

Zu Beginn eines jeden Kapitels wird das notwendige **Grundwissen** in Form von Erklärungen und Regeln bereitgestellt. Daran schließen sich **kommentierte Beispiele** an.

Anhand von **Aufgaben** können Sie individuell und gezielt üben. Zu allen Aufgaben sind die **Lösungen ausführlich vorgerechnet.** Das ermöglicht Ihnen, den Lernstoff selbstständig durcharbeiten zu können, Wissenslücken zu schließen und mit geeigneten Übungsaufgaben die notwendige Sicherheit im Umgang mit Funktionen zu erwerben.

Ob Sie auf die Klausur gut vorbereitet sind, können Sie selbst testen: Vier **Tests** und drei **Klausurbeispiele** helfen Ihnen!

Ich wünsche Ihnen viel Erfolg bei der Arbeit mit diesem Trainingsbuch und einen Teil der Freude, die ich selbst immer empfinde, wenn ich Mathematik treibe.

Viele Grüße

Walter Czech

Exponentialfunktionen

Archäologen legen bei Assuan eine 14 000 Jahre alte Begräbnisstätte frei.

Zu den eindrucksvollsten Eigenschaften der Mathematik gehört ihr ständiger Wille, Wissen zu schaffen. Ein Beispiel:
Jahrhundertelang konnten die Gelehrten prähistorischen Objekten nur *relative* Zeitangaben zuordnen, die auf eine einfache Beobachtung zurückgingen: Wenn sich Archäologen durch eine Erdschicht „durchbuddeln", gehen sie auch in der Zeit zurück. Das ist relativ einfach. Wie steht es aber mit dem *absoluten* Alter eines ausgegrabenen Knochens, einer ägyptischen Mumie oder eines verkohlten Holzstückchens aus einer Höhlenwohnung? Seit den 60er-Jahren sind Altersbestimmungen mithilfe der Radiocarbonmethode möglich. Die alles entscheidende Gleichung für die Datierung ist: $A(t) = A_0 \cdot e^{-0{,}000121 \cdot t}$.
Hierbei gibt A(t) die Radioaktivität der historischen Probe an, A_0 ist die Radioaktivität der Vergleichsprobe eines lebenden Exemplares und t ist die Zeit, die seit dem Tod des historischen Lebewesens vergangen ist. Mathematisch stellt diese Gleichung die Abbildungsvorschrift einer Exponentialfunktion dar.

1. Grundlegende Eigenschaften

Die Funktion

f: $x \mapsto a^x$ mit $a \in \mathbb{R}^+$, $x \in \mathbb{R}$

heißt **Exponentialfunktion zur Basis a**.

Für die Exponentialfunktion zur Basis e schreiben wir:
f: $x \mapsto e^x$ mit $x \in \mathbb{R}$.

Sie heißt **natürliche Exponentialfunktion**.

Die Graphen der Exponentialfunktionen schneiden die y-Achse im Punkt (0 | 1).
Die Graphen der Funktionen $y = a^x$ liegen achsensymmetrisch bezüglich der y-Achse zu den Graphen der entsprechenden Funktionen

$\mathbf{y} = \left(\frac{1}{a}\right)^x = a^{-x}$.

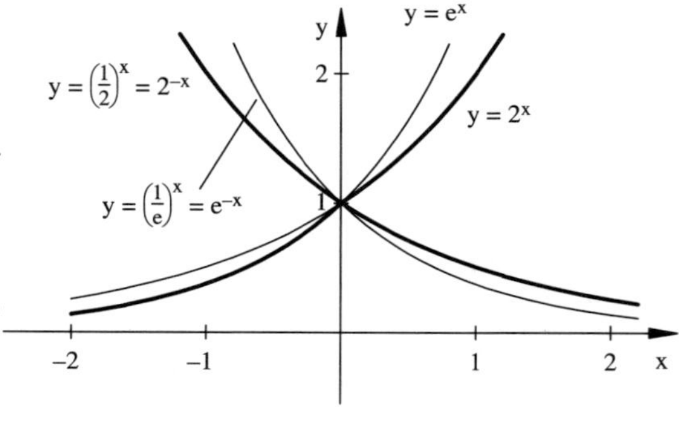

Potenzgesetze

Für a, b ∈ $\mathbb{R}^+$ und r, s ∈ $\mathbb{R}$ gilt

$a^r \cdot a^s = a^{r+s}$ $\qquad a^r \cdot b^r = (ab)^r$

$\frac{a^r}{a^s} = a^{r-s}$ $\qquad \frac{a^r}{b^r} = \left(\frac{a}{b}\right)^r$

$(a^r)^s = a^{r \cdot s}$

Beispiele:

1. Zeichnen Sie im gleichen Koordinatensystem die Graphen der Funktionen f, g, h, m mit

$$f(x) = \left(\frac{3}{2}\right)^x; \; g(x) = \left(\frac{2}{3}\right)^x; \; h(x) = \left(\frac{3}{2}\right)^{-x}; \; m(x) = -\left(\frac{3}{2}\right)^{-x}!$$

Welcher geometrische Zusammenhang besteht zwischen den Graphen von

a) f und g,

b) f und h,

c) f und m?

Lösung:

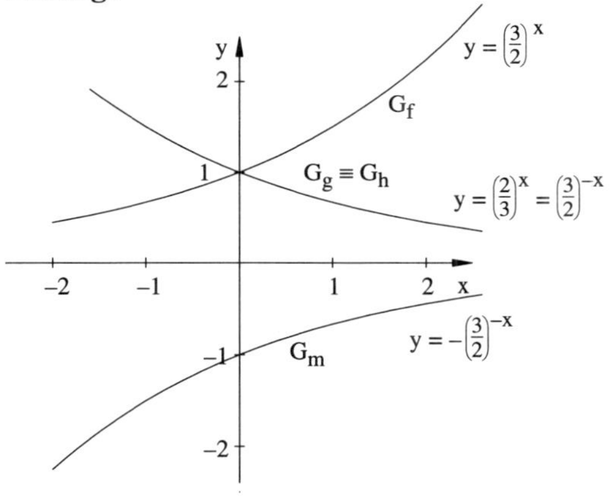

a) Der Graph G_f wird durch Spiegelung an der y-Achse auf den Graphen G_g abgebildet.

$$f(-x) = \left(\frac{3}{2}\right)^{-x} = \left(\frac{2}{3}\right)^x = g(x)$$

b) Der Graph G_f wird durch Spiegelung an der y-Achse auf den Graphen G_h abgebildet.

$$g(x) = \left(\frac{2}{3}\right)^x = \left(\frac{3}{2}\right)^{-x} = h(x)$$

c) Der Graph G_f wird durch Punktspiegelung am Koordinatenursprung auf den Graphen G_m abgebildet.

$$f(-x) = \left(\frac{3}{2}\right)^{-x} = -m(x)$$

2. Beschreiben Sie! Wie geht der Graph der Funktion h: $x \mapsto h(x)$ aus dem Graphen der Funktion f: $x \mapsto e^x$; $x \in \mathbb{R}$ hervor?

   a) $h(x) = -e^x - 1$

   b) $h(x) = e^{-x} + 1$

Lösung:

a) Der Graph der Funktion f wird zunächst an der **x-Achse gespiegelt** und dann um 1 LE parallel zur y-Achse nach unten verschoben.

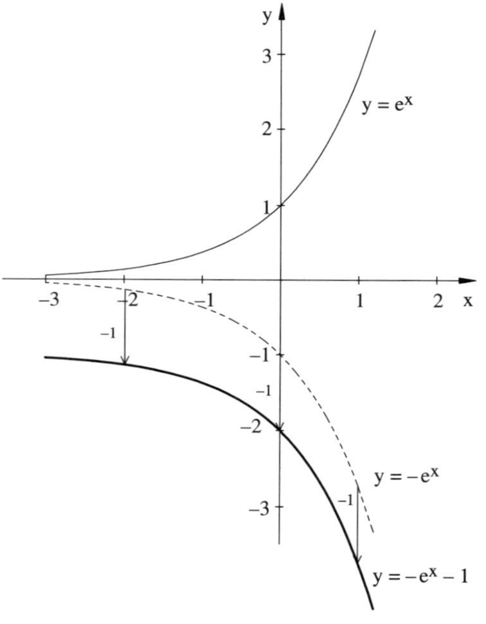

b) Der Graph von f wird zunächst an der **y-Achse gespiegelt** und dann um 1 LE parallel zur y-Achse nach oben verschoben.

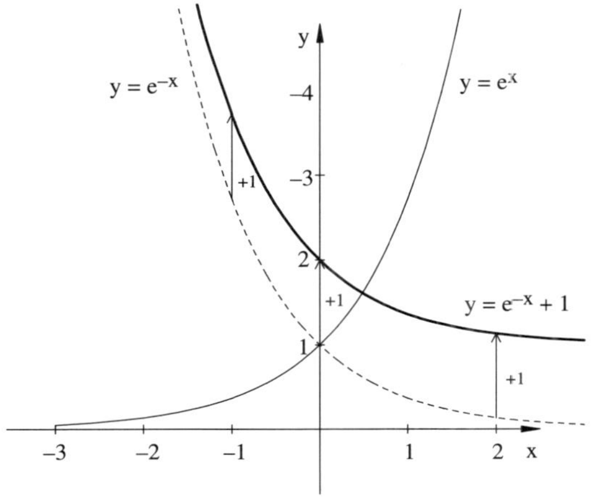

3. Berechnen Sie mithilfe der Potenzgesetze!

a) $3^4 \cdot 0{,}1^4 \cdot 0{,}56^4$

b) $\left[3^6 \cdot \left(\frac{2}{3}\right)^6\right] : \left(\frac{1}{3}\right)^6$

c) $\left[3^5 : \left(\frac{2}{3}\right)^2\right] \cdot \left(\frac{2}{3}\right)^5$

d) $(8{,}1^2 : 0{,}9^2)^{\frac{1}{4}} - 2{,}6^2 : 1{,}3^2$

Lösung:

a) $3^4 \cdot 0{,}1^4 \cdot 0{,}56^4 = (3 \cdot 0{,}1 \cdot 0{,}56)^4 = 0{,}168^4 \approx 7{,}9 \cdot 10^{-4}$

b) $\left[3^6 \cdot \left(\frac{2}{3}\right)^6\right] : \left(\frac{1}{3}\right)^6 = \left(\frac{3 \cdot 2}{3}\right)^6 \cdot 3^6 = 2^6 \cdot 3^6 = 6^6 = 46\,656$

c) $\left[3^5 : \left(\frac{2}{3}\right)^2\right] \cdot \left(\frac{2}{3}\right)^5 = \left[\frac{3^5 \cdot 3^2}{2^2}\right] \cdot \frac{2^5}{3^5} = \frac{3^7}{2^2} \cdot \frac{2^5}{3^5} = \frac{3^2 \cdot 2^3}{1} = 72$

d) $(8{,}1^2 : 0{,}9^2)^{\frac{1}{4}} - 2{,}6^2 : 1{,}3^2 = (9^2)^{\frac{1}{4}} - \left(\frac{2{,}6}{1{,}3}\right)^2 = 9^{\frac{1}{2}} - 2^2 = 3 - 4 = -1$

Aufgaben

1. Zeichnen Sie in das nebenstehende Koordinatensystem zusätzlich die Graphen der folgenden Funktionen:

$f(x) = 2^{-x}$

$g(x) = -2^{-x}$

$h(x) = -2^{-x+1}$

$m(x) = 2^{x-3}$

$p(x) = 2^{2x}$

Hinweis: Berechnen Sie (im Kopf): h(0), h(–1); m(3), m(4).

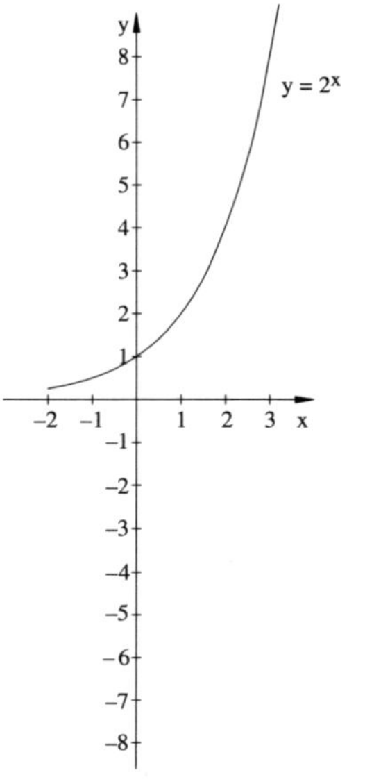

2. Ordnen Sie Graph und Funktionsgleichung einander zu!

$f(x) = 2^{-x}$;

$g(x) = -2^{-x}$;

$h(x) = 2^{-x} + \frac{3}{2}$;

$m(x) = 2^{-x-1}$;

$n(x) = -2^{-x+2}$

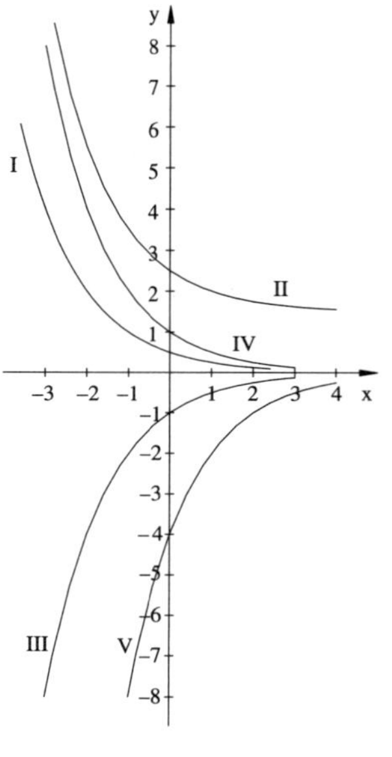

3. Ordnen Sie der Größe nach die Zahlen:

a) $1{,}3^3$; $\quad 1{,}3^{1,8}$; $\quad 1{,}3^{-1,2}$

b) $1{,}4^5$; $\quad 1{,}4^4$; $\quad 1{,}4^{-2}$; $\quad 1{,}4^{2,8}$

c) $0{,}8^{1,1}$; $\quad 0{,}8^{-0,6}$; $\quad 0{,}8^{0,8}$

4. Berechnen Sie mit dem Taschenrechner auf 2 Dezimalen genau!

a) $2^{0,2} : 1{,}5^{0,1}$

b) $\left[\sqrt{2}^{\,0,3} \cdot \left(\frac{2}{3}\right)^{-0,4}\right] : \left(\frac{2}{5}\right)^2$

c) $\left(\frac{1}{\sqrt{3}}\right)^{0,4} : \left(\frac{2}{4-\sqrt{2}}\right)^{-0,8}$

5. Berechnen Sie vorteilhaft mithilfe der Potenzgesetze!

a) $\left[\left(\frac{2}{3}\right)^2 : 3^2\right] \cdot 81$

b) $\left[\left(-\frac{1}{2}\right)^3 \cdot \left(\frac{2}{5}\right)^4\right] : \frac{2}{5^3}$

6. Zeichnen Sie in das vorliegende Koordinatensystem zusätzlich die Graphen der folgenden Funktionen!

$f(x) = e^{-x}$
$g(x) = -e^{-x}$
$h(x) = e^{-x-1}$
$m(x) = -e^{-x+1}$

Hinweis: Berechnen Sie (im Kopf): $h(0)$, $h(-1)$, $m(0)$, $m(1)$.

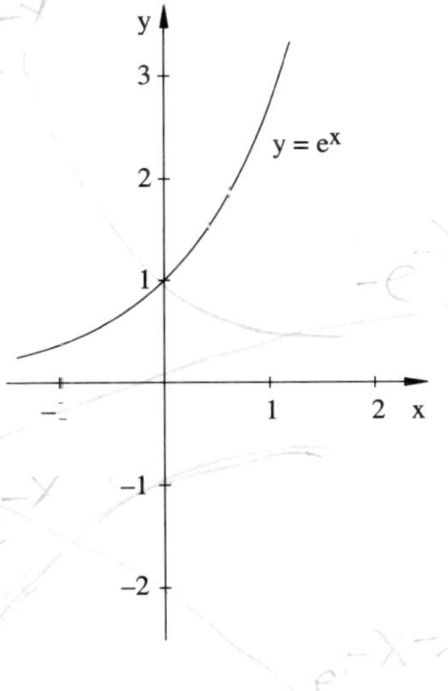

7. Gegeben sind die in $\mathbb{R}$ definierten Funktionen:
$f(x) = e^x$; $g(x) = e^{2x}$; $h(x) = e^{0,5x}$; $m(x) = e^{-x}$

a) Die Graphen schneiden sich in einem Punkt. Geben Sie seine Koordinaten an!

b) Zeichnen Sie die Graphen in ein und dasselbe Koordinatensystem! (1 LE $\mathrel{\hat{=}}$ 2 cm)

8. Skizzieren Sie die Graphen zu den folgenden Funktionen mithilfe einer Wertetabelle von x = –2 bis x = 2 (Schrittwerte 0,5):

a) $f(x) = -\frac{1}{2}e^x + e$

b) $f(x) = e^{-0,5x+1}$

9. Fassen Sie zusammen!

a) $(e^x \cdot e^{2x}) : (-e^{3x})$

b) $e^{2x} : (-e^{-2x})$

c) $(e^{-x} \cdot e^{2x}) : e^{0,5x}$

d) $e^{-x+1} : e^{-x} - e : e^{-x}$

e) $e^{x-1} \cdot e - 2e^x + \frac{1}{2e^{-x}}$

f) $(e - e^{1+x}) : (1 - e^x)$

10. Aus dem Potenzgesetz $a^{r+s} = a^r \cdot a^s$ folgt anders ausgedrückt für die Exponentialfunktion der Form $f(r) = a^r$:
$f(r + s) = f(r) \cdot f(s)$
Dies soll nun angewandt werden.

Gegeben ist eine Wertetabelle einer Exponentialfunktion $f(r) = a^r$:

r	0,5	1,5	1,8
f(r)	1,73	5,20	7,22

a) Ermitteln Sie unter Verwendung der Eigenschaft $f(r + s) = f(r) \cdot f(s)$ mithilfe der obigen Wertetabelle folgende Funktionswerte:
$f(2)$, $f(3,3)$, $f(2,5)$, $f(3,0)$, $f(4,5)$

b) Ermitteln Sie die Basis a!

11. Zeichnen Sie die Graphen der in $\mathbb{R}$ definierten Funktionen in ein und dasselbe Koordinatensystem:

a) $f(x) = 2,4^x$ $g(x) = 3^x$ $h(x) = e^x$

b) $f(x) = e^{-x}$ $g(x) = -e^{-x-1}$ $h(x) = e^{-0,5x+1}$

c) $f(x) = e^{0,25x}$ $g(x) = e^{-0,25x+1}$

12. Es heißt, der Holländer Peter Minuit hätte im Jahre 1626 das Stück Land, auf dem heute New York steht, von Indianern für 24 Dollar erworben.
Nehmen Sie an, Peter Minuit hätte 24 Dollar im Jahre 1626 bei einer Bank zum gleichbleibenden Zinssatz von 3 % angelegt. Die Zinsen wären am Jahresende zum Guthaben dazugekommen und würden im nächsten Jahr mit- verzinst worden sein. Welchen Geldbetrag bekämen seine Erben heute ausbezahlt?

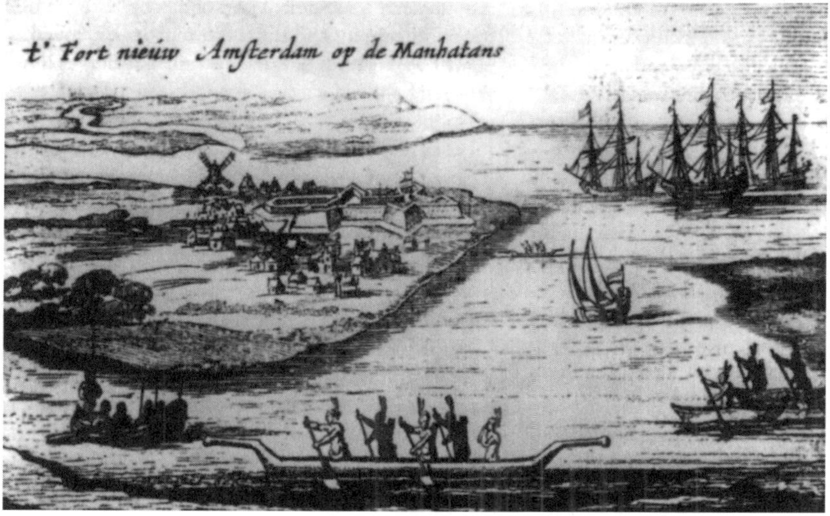

Die ersten Holländer siedelten sich 1614 in der Gegend des heutigen New York an.

13. Der Wachstumsprozess einer bestimmten Sorte von Bakterien wird durch die Gleichung beschrieben:

$N(t) = 800 \cdot e^{0,2h^{-1} \cdot t}$; $N(t)$ = Anzahl der Bakterien zum Zeitpunkt t
t = Zeit in Stunden

a) Berechnen Sie den Zuwachs pro Stunde in Prozent!

b) Wann sind in der Kultur mehr als 100 000 Bakterien vorhanden?

2. Exponentialgleichungen und Logarithmusfunktionen

Viele geometrische Problemstellungen führen auf **Exponentialgleichungen.**

Beim Lösen solcher Gleichungen benutzen wir den Zusammenhang, dass das Logarithmieren die Umkehrung des Potenzierens ist. Also:

$$\log_a a^x = x \underbrace{\log_a a}_{1} = x$$

Speziell für a = e:
$\ln e^x = x \ln e = x$; $\ln e = 1$ $\quad \ln 1 = 0$

Funktion und Umkehrfunktion

Umkehrfunktion einer Exponentialfunktion ist eine Logarithmusfunktion.

Speziell für die Basis e gilt:
Die Logarithmusfunktion zur Basis e ist die Umkehrfunktion der natürlichen Exponentialfunktion.

In Kurzform:
f: $\quad x \mapsto e^x;\quad x \in \mathbb{R}$ und $y \in \mathbb{R}^+$
f^{-1}: $x \mapsto \ln x; x \in \mathbb{R}^+$ und $y \in \mathbb{R}$

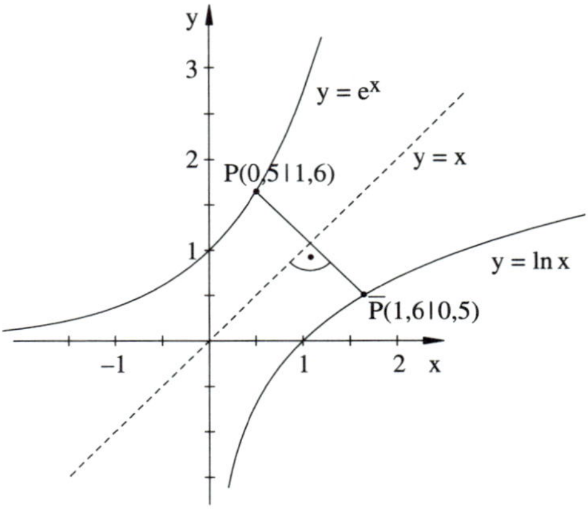

Beispiele:

1. Wo schneidet die Gerade $y = 1{,}5$ den Graphen der Funktion f mit $f(x) = e^{0{,}5x-1}$?

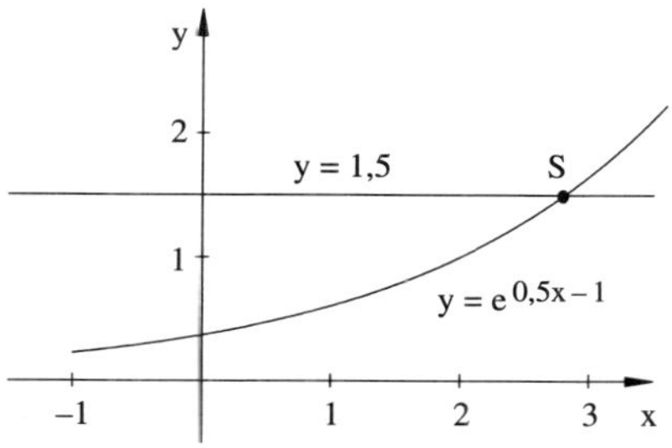

Lösung:
$e^{0{,}5x-1} = 1{,}5$
Wir lösen diese Gleichung, indem wir auf beide Seiten der Gleichung den natürlichen Logarithmus anwenden:

$$
\begin{aligned}
& \ln e^{0{,}5x-1} = \ln 1{,}5 \\
\Leftrightarrow\quad & (0{,}5x-1)\ln e = \ln 1{,}5 \\
\Leftrightarrow\quad & 0{,}5x - 1 = \ln 1{,}5 \\
\Leftrightarrow\quad & 0{,}5x = 1 + \ln 1{,}5 \qquad | \cdot 2 \\
\Leftrightarrow\quad & x = 2\,(1 + \ln 1{,}5) \approx 2{,}8
\end{aligned}
$$

Die Gerade $y = 1{,}5$ schneidet den Graphen im Punkt S (2,8 | 1,5).

2. Ermitteln Sie in der nebenstehenden Abbildung die Koordinaten der Punkte N und S jeweils auf 1 Dezimale genau!

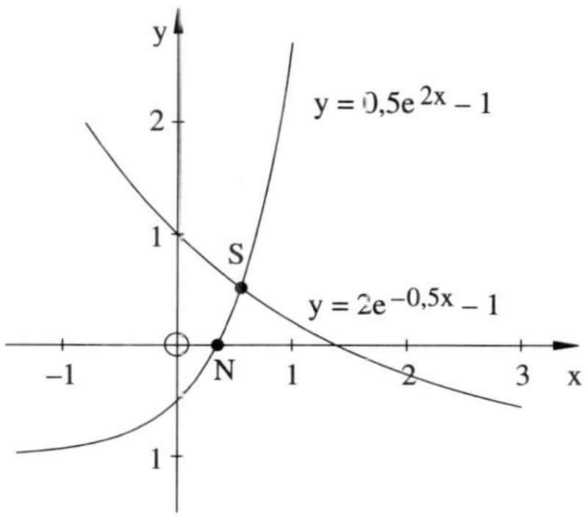

Lösung:
Im Punkt N $(x_0 | 0)$ schneidet der Graph der Funktion f mit $f(x) = 0{,}5e^{2x} - 1$ die x-Achse. Die x-Koordinate des Punktes N folgt aus

$$
\begin{aligned}
& 0{,}5e^{2x_0} - 1 = 0 \\
\Leftrightarrow\quad & 0{,}5e^{2x_0} = 1 \qquad | \cdot 2 \\
\Leftrightarrow\quad & e^{2x_0} = 2 \\
\Leftrightarrow\quad & \ln e^{2x_0} = \ln 2 \\
\Leftrightarrow\quad & 2x_0 = \ln 2 \;\Leftrightarrow\; x_0 = \tfrac{1}{2}\ln 2 \approx 0{,}3
\end{aligned}
$$

Also: N (0,3 | 0)

Punkt S ist Schnittpunkt beider Graphen. Also:

$$
\begin{aligned}
& 0{,}5e^{2x} - 1 = 2e^{-0{,}5x} - 1 \\
\Leftrightarrow\quad & 0{,}5e^{2x} = 2e^{-0{,}5x} \qquad |\cdot 2 \\
\Leftrightarrow\quad & e^{2x} = 4e^{-0{,}5x} \\
\Leftrightarrow\quad & \frac{e^{2x}}{e^{-0{,}5x}} = 4 \\
\Leftrightarrow\quad & e^{2x-(-0{,}5x)} = 4 \Leftrightarrow e^{2{,}5x} = 4 \\
\Leftrightarrow\quad & \ln e^{2{,}5x} = \ln 4 \\
\Leftrightarrow\quad & 2{,}5x = 2\ln 2 \\
\Leftrightarrow\quad & x = \tfrac{4}{5}\ln 2 \approx 0{,}6
\end{aligned}
$$

Eingesetzt in eine der Funktionsgleichungen erhalten wir den y-Wert des Punktes S. Also:

$$f\left(\tfrac{4}{5}\ln 2\right) = 0{,}5e^{2\cdot\frac{4}{5}\ln 2} - 1 = 0{,}5e^{\frac{8}{5}\ln 2} - 1 \approx 0{,}5$$

Also: S (0,6 | 0,5)

3. Ermitteln Sie die maximale Definitionsmenge von $f(x) = \ln\left(\frac{1}{2}x - 1\right)$!

Lösung:

Die natürliche Logarithmusfunktion $x \mapsto \ln x$ ist definiert für alle $x \in \mathbb{R}^+$. Also muss hier gelten:

$$
\begin{aligned}
\tfrac{1}{2}x - 1 > 0 \quad & \Leftrightarrow \quad \tfrac{1}{2}x > 1 \qquad |\cdot 2 \\
& \Leftrightarrow \quad x > 2
\end{aligned}
$$

Die maximale Definitionsmenge ist $D_f =]2; \infty[$.

Aufgaben

14. Berechnen Sie die Koordinaten der Punkte A, B und C in der nebenstehenden Abbildung!

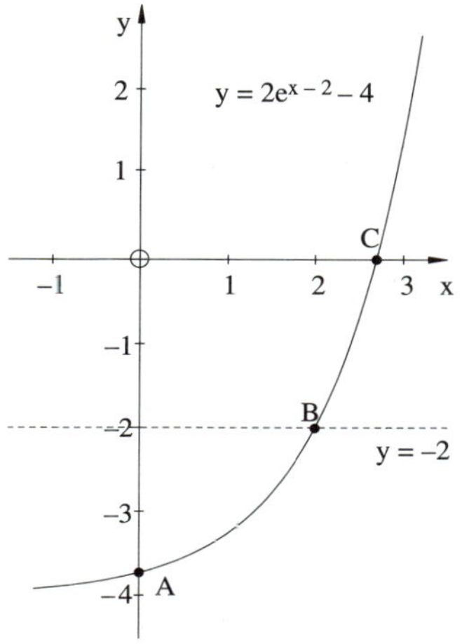

15. In welchem Punkt schneiden sich die Graphen der Funktionen f und g:

a) $f(x) = e^{x-1}$ $\quad g(x) = e^{-x}$

b) $f(x) = e^{x}$ $\quad g(x) = 1 + 2e^{-x}$

c) $f(x) = e^{0,25x}$ $\quad g(x) = e^{-0,25x+1}$

16. Berechnen Sie die Lösungszahl in der Grundmenge $G = \mathbb{R}$:

a) $e^{2x} - 2e^{x} = 0$

b) $xe^{-\frac{x}{2}} + 2e^{-\frac{x}{2}} = 0$

c) $e^{-x} = 100$

d) $e^{2x-5} = 3$

e) $e^{-\ln x} = 3$

f) $\frac{1}{2}e^{1,5} = \frac{1}{4}e^{x}$

g) $e^{0,5x} = 2e^{-0,5x} + 1$

h) $4e^{x} - \frac{1}{2}e^{2x} - 3,5 = 2,5$

17. Ermitteln Sie jeweils die maximale Definitionsmenge!

a) $f(x) = \frac{1}{2}\ln x$

b) $f(x) = \ln(x-1)$

c) $f(x) = \ln x^{2}$

d) $f(x) = 2\ln x$

e) $f(x) = \ln\sqrt{2x}$

f) $f(x) = \ln(2x-1)$

3. Rechnen mit Logarithmen

Mithilfe der Logarithmengesetze können wir Logarithmen zusammenfassen oder den Logarithmus eines Produktes (Quotienten) als Summe (Differenz) zweier Logarithmen schreiben.

Für jede Basis $a \in \mathbb{R}^+ \setminus \{1\}$ und $u, v \in \mathbb{R}^+$ und $r \in \mathbb{R}$ gilt:

$$\log_a (u \cdot v) = \log_a u + \log_a v$$
$$\log_a \frac{u}{v} = \log_a u - \log_a v$$
$$\log_a (u^r) = r \log_a u$$

Spezialfall:

$$\log_a \frac{1}{v} = -\log_a v$$

Speziell für die Basis e:

$$\ln(u \cdot v) = \ln u + \ln v$$
$$\ln \frac{u}{v} = \ln u - \ln v$$
$$\ln(u^r) = r \ln u$$

Spezialfall:

$$\ln \frac{1}{v} = -\ln v$$

Beispiele:

1. Fassen Sie zu einem Logarithmus zusammen:

$$\ln 15 - \ln 3 + \ln \tfrac{2}{5} - \ln \tfrac{1}{8}$$

Lösung:

$$\ln 15 - \ln 3 + \ln \tfrac{2}{5} - \ln \tfrac{1}{8} = \ln\left[\left(\tfrac{15}{3} \cdot \tfrac{2}{5}\right) : \left(\tfrac{1}{8}\right)\right] = \ln (2 \cdot 8) = \ln 16 = \ln 2^4 = 4 \ln 2$$

oder

$$\ln 15 - \ln 3 + \ln \tfrac{2}{5} - \ln \tfrac{1}{8} = \ln 3 + \ln 5 - \ln 3 + \ln 2 - \ln 5 + \ln 8$$
$$= \ln 2 + \ln 8 = \ln 2 + \ln 2^3$$
$$= \ln 2 + 3 \ln 2 = 4 \ln 2$$

2. Berechnen Sie ohne Taschenrechner:

$$\frac{\log_{10} 13 \cdot \log_{10} 17}{\log_{10} 289 \cdot \log_{10} 169} \cdot 2 \ln e^2$$

Lösung:

$$\frac{\log_{10} 13 \cdot \log_{10} 17}{\log_{10} 289 \cdot \log_{10} 169} \cdot 2 \ln e^2 = \frac{\log_{10} 13 \cdot \log_{10} 17}{(2\log_{10} 17) \cdot 2\log_{10} 13} \cdot 4 \ln e = \frac{1}{2 \cdot 2} \cdot 4 \underbrace{\ln e}_{1} = 1$$

3. Bestimmen Sie die Lösungszahlen in der Grundmenge G =]2; ∞[:
$\ln(x + 1) + \ln(x - 2) = \ln 4$

Lösung:
Wir fassen auf der linken Seite zu einem Logarithmus zusammen:

$$\begin{aligned} & \ln(x+1) + \ln(x-2) = \ln 4 \\ \Leftrightarrow\quad & \ln[(x+1)(x-2)] = \ln 4 \\ \Leftrightarrow\quad & \ln(x^2 - x - 2) = \ln 4 \end{aligned}$$

Wir sehen unmittelbar, dass die Lösungen dieser Logarithmusgleichung unter den Lösungszahlen der quadratischen Gleichung

$$x^2 - x - 2 = 4 \;\Leftrightarrow\; x^2 - x - 6 = 0 \;\Leftrightarrow\; (x-3)(x+2) = 0$$
$$\Leftrightarrow\; x = 3 \;\vee\; x = -2$$

gesucht werden müssen.

Wir überprüfen, ob die ermittelten Lösungen –2 und 3 in der Grundmenge G =]2; ∞[liegen.
Wir stellen fest: Nur 3 ist Lösung, denn $-2 \notin G$.

4. Fassen Sie zu einem Term zusammen:
$\ln(1 - x^2) - \ln(1 - x) - \ln(x + x^2)$

Lösung:

$$\begin{aligned} \ln(1-x^2) - \ln(1-x) - \ln(x+x^2) &= \ln\frac{1-x^2}{1-x} - \ln[x(1+x)] \\ &= \ln\left[\frac{(1-x)(1+x)}{1-x} : x(1+x)\right] \\ &= \ln\frac{(1-x)(1+x)}{(1-x)\,x\,(1+x)} = \ln\frac{1}{x} = -\ln x \end{aligned}$$

Aufgaben

18. Fassen Sie zu einem Logarithmus zusammen:

a) $\frac{1}{4}\ln 81 - \ln 3 + \frac{1}{2}\ln 32 - 2\ln 16$

b) $\ln\frac{1}{3} - 3\ln 1 - 2\ln 2 - \ln 3$

19. Berechnen Sie (im Kopf):

a) $\ln\frac{1}{e^2}$

b) $\ln 2e^3$

c) $(e^{\ln 3} - e^{\frac{1}{2}\ln 3})(e^{\ln 3} + e^{\frac{1}{2}\ln 3})$

d) $2e^{-\ln 0{,}2}$

e) $e^{\ln 2}(e^{\ln 2} - 1)$

20. Berechnen Sie ohne Taschenrechner:

a) $\left(\ln e^2 : \ln\frac{1}{e}\right) : \ln\frac{1}{e}$

b) $\frac{\log_{10} 125 \cdot \log_{10} \sqrt[3]{10}}{\log_{10} 5}$

c) $\frac{\ln 125}{\ln 8} : \frac{\ln 25}{\ln 2}$

21. Fassen Sie jeweils zu einem Logarithmus zusammen:

a) $\ln a + \ln b - \ln c - \ln d$

b) $\ln 3x - \ln x - \ln 9;\ x > 0$

c) $\ln 2 + 4\ln x - 3\ln y - 3\ln\frac{x}{y};\ x, y > 0$

d) $-\ln x - \ln\frac{1}{x} - 4\ln y^{-2} + \ln\frac{1}{y^4};\ x, y > 0$

e) $2\ln(x-1) + \frac{1}{2}\ln(x-1)^2 - \ln(x-1)^3;\ x > 1$

22. Fassen Sie zusammen und berechnen Sie dann auf Tausendstel genau:

a) $\ln 8 + \ln 5 + \ln 2{,}5$

b) $\frac{1}{3}\ln 27 - \ln 3 + \frac{1}{2}\ln 64 - 2\ln 2^2 + \ln e^2$

23. Ermitteln Sie die Lösungszahlen:

a) $\ln \frac{x}{2} = \ln 4{,}2$; $x \in \mathbb{R}^+$

b) $\ln(x-1) = 2$; $x \in \,]1; \infty[$

c) $\ln 2x = -2$; $x \in \mathbb{R}^+$

d) $2 \ln x^2 = 0$; $x \in \mathbb{R} \setminus \{0\}$

e) $\ln(x-1) + \ln(x-2) = \ln 3 - \ln 4$; $x \in \,]2; \infty[$

4. Ableitung und Stammfunktionen der natürlichen Exponentialfunktion

Ableitung

Die Ableitung der natürlichen Exponentialfunktion ist die Funktion selber:
$f(x) = e^x \Rightarrow f'(x) = e^x$

Folgerung: $f''(x) = e^x$, $f'''(x) = e^x$ usw.

Anwendung: Tangente in einem Kurvenpunkt

Die Gleichung der Tangente im Punkt $P_0\,(x_0 | f(x_0))$ des Graphen der Funktion f ergibt sich, indem wir

- die y-Koordinate von P_0 berechnen: $y_0 = f(x_0)$,
- die Tangentensteigung m ermitteln: $m = f'(x_0)$
- und diese Werte in die Punkt-Steigungsform der Geradengleichung einsetzen: $y = m\,(x - x_0) + y_0$.

Stammfunktionen

$\int e^x\,dx = e^x + C;\quad x \in \mathbb{R}$ und $C \in \mathbb{R}$

Folgerung:
$\int e^{kx}\,dx = \frac{1}{k} e^{kx} + C;\quad x \in \mathbb{R},\ k \in \mathbb{R} \setminus \{0\},\ C \in \mathbb{R}$

Beispiele:

1. Ermitteln Sie die 1. Ableitung von $f(x) = e^{-\frac{(x-2)^2}{2}}$!

   Lösung:

   Die gegebene Funktion $f(x) = e^{-\frac{(x-2)^2}{2}}$ entsteht durch Verketten der Funktionen

   $h(u) = e^{-u}$ und $\boxed{u(x) = \frac{(x-2)^2}{2}}$

   Die Ableitung erhält man nach der **Kettenregel:**

   $f'(x) = \frac{dh(u)}{du} \cdot \frac{du}{dx} = h'[u(x)] \cdot u'(x)$

   Mit $\frac{dh(u)}{du} = -e^{-u}$ und $\frac{du}{dx} = \frac{2(x-2) \cdot 1}{2} = x - 2$

   wird $f'(x) = -e^{-\frac{(x-2)^2}{2}} \cdot (x-2) = (2-x)\, e^{-\frac{(x-2)^2}{2}}$

2. Ermitteln Sie die 1. Ableitung von $f(x) = x^2 \cdot e^{-0{,}5x^2}$!

   Lösung:
   Wir beginnen mit der **Produktregel:**

   $f'(x) = 2x \cdot e^{-0{,}5x^2} + x^2 \cdot (e^{-0{,}5x^2})'$

   Wir unterbrechen an dieser Stelle und leiten in einer Nebenrechnung die Funktion $x \mapsto e^{-0{,}5x^2}$ ab:

   $$\left.\begin{array}{lll} h(u) = e^u & \Rightarrow & h'(u) = e^u \\ & & u = -0{,}5x^2 \\ u(x) = -0{,}5x^2 & \Rightarrow & u'(x) = -0{,}5 \cdot 2x = -x \end{array}\right\} \Rightarrow$$

   $\Rightarrow \; (e^{-0{,}5x^2})' = e^{-0{,}5x^2} \cdot (-x) = -x \cdot e^{-0{,}5x^2}$

   Wir setzen dies oben ein:

   $f'(x) = 2x \cdot e^{-0{,}5x^2} + x^2\,(-x \cdot e^{-0{,}5x^2}) = x \cdot e^{-0{,}5x^2}\,(2 - x^2)$

3. Ermitteln Sie die 1. Ableitung von $f(x)=\frac{e^x-1}{x}$!

Lösung:

Die gegebene Funktion $f(x)=\frac{e^x-1}{x}$ kann in der Form geschrieben werden:

$$f(x)=\frac{u(x)}{v(x)} \text{ mit } u(x)=e^x-1 \text{ und } v(x)=x$$

Die Ableitung erhalten wir nach der **Quotientenregel:**

$$f'(x)=\frac{u'(x)\cdot v(x)-u(x)\cdot v'(x)}{[v(x)]^2}$$

Mit $u'(x)=e^x$ und $v'(x)=1$ wird

$$f'(x)=\frac{e^x\cdot x-(e^x-1)\cdot 1}{x^2}=\frac{xe^x-e^x+1}{x^2}$$

4. Stellen Sie die Gleichung der Tangente und deren Normale im Punkt $P\,(0\,|\,-2)$ der Kurve $g=(x-2)\,e^x$ auf!

Lösung:

$f(x) = (x-2)\,e^x$
$f'(x) = 1\cdot e^x+(x-2)\,e^x=(1+x-2)\,e^x=(x-1)\,e^x$
$f'(0) = -1\cdot e^0=-1$

Steigung der Tangente $m_t=-1$

Zwischen der Steigung der Tangente m_t und der Steigung der Normale m_n gilt die Beziehung

$$m_t\cdot m_n=-1 \Leftrightarrow m_n=-\frac{1}{m_t}$$

Damit gilt: $m_n=\frac{-1}{-1}=1$

Gleichung der Tangente im Kurvenpunkt $(x_0\,|\,y_0)$: $y=m\,(x-x_0)+y_0$

Mit $m=-1$, $x_0=0$ und $y_0=-2$ wird
$y=-1\,(x-0)+(-2)$
$y=-x-2$

Gleichung der Normale: $y=x-2$

5. Berechnen Sie das bestimmte Integral auf 2 Dezimalen genau:

$$\int_{-1}^{0}(e^{-x}-1)^2\,dx$$

Lösung:

$$\int_{-1}^{0}(e^{-x}-1)^2\,dx = \int_{-1}^{0}(e^{-2x}-2e^{-x}+1)\,dx = \left[\tfrac{1}{-2}\,e^{-2x}+2e^{-x}+x\right]_{-1}^{0}$$

$$= -\tfrac{1}{2}+2-\left(\tfrac{e^2}{-2}+2e-1\right) = 1{,}5+\tfrac{e^2}{2}-2e+1$$

$$= 2{,}5+\tfrac{e^2}{2}-2e \approx 0{,}76$$

Aufgaben

24. Ermitteln Sie die 1. Ableitung von:

a) $f(x) = 2\cdot e^{2x+1}$ b) $f(x) = e^{2x}+1$

c) $f(x) = x^2\,(e^x)^2$ d) $f(x) = (x-1)^2\cdot e^x$

e) $f(x) = 2e^x - 2x - e^2 + e^{2x}$ f) $f(x) = \frac{x}{e^{x-1}}$

25. Berechnen Sie:

a) $\int_{0}^{\ln 2} 2e^{-x}\,dx$ b) $\int_{-1}^{0}(1-e^x)^2\,dx$

c) $\int_{0}^{\ln 4}(e+e^{0,5x})\,dx$ d) $\int_{-1}^{1}(e^{2x}-e^{-2x})\,dx$ = 0

26. Zeigen Sie, dass $F\colon x \mapsto x^3e^x - 3x^2e^x + 6x\,e^x - 6e^x;\ x \in \mathbb{R}$ eine Stammfunktion von $f\colon x \mapsto x^3e^x;\ x \in \mathbb{R}$ ist!

Berechnen Sie sodann das bestimmte Integral $\int_{0}^{1} x^3e^x\,dx$ auf 2 Dezimalen genau!

27. Gegeben ist die in $\mathbb{R}$ definierte Funktion f mit $f(x) = \frac{2}{1+e^x}$.

Zeigen Sie, dass f im gesamten Definitionsbereich streng monoton abnehmend ist!

28. Geben Sie eine Stammfunktion von f an:

a) $f: x \mapsto e^{2-x}$; $x \in \mathbb{R}$

b) $f: x \mapsto e^x - e^{-x}$; $x \in \mathbb{R}$

c) $f: x \mapsto e^x (e^{-x} + 1)$; $x \in \mathbb{R}$

29. Ermitteln Sie die Gleichung der Tangente an die Kurve $g = (x + 3)\ e^{-\frac{x}{3}}$ im Schnittpunkt der Kurve mit der x-Achse! Wo schneidet diese Tangente die y-Achse?

30. Gegeben ist die Funktion f durch $f(x) = 2\,(e^{2-x} - 1)$, $x \in \mathbb{R}$.

a) In jedem Punkt $P\,(u\,|\,f(u))$ mit $u \in \mathbb{R}$ existiert genau eine Tangente t_u an den Graphen der Funktion f.
Ermitteln Sie eine Gleichung der Tangente t_u!

b) Berechnen Sie den Wert für u, für den die zugehörige Tangente t_u durch den Punkt $A\,(1\,|\,{-2})$ verläuft!

31. Gegeben ist die Funktion f durch $f(x) = 5x\,e^{-x}$, $x \in \mathbb{R}$. Ihr Graph heißt G_f.

a) Ermitteln Sie eine Gleichung der Tangente an den Graphen G_f in seinem Schnittpunkt mit der x-Achse!
(Ergebnis: $y = 5x$)

b) Zeigen Sie, dass die Tangente aus Teilaufgabe a auch Tangente an die Parabel $y = \frac{5}{4}x^2 + 5$ ist!

Geben Sie die Koordinaten des Punktes B an, in dem die Tangente die Parabel berührt!

5. Flächenberechnungen bei einfachen Exponentialfunktionen

Wir stellen den Fall, dass die Fläche zwischen zwei Funktionsgraphen eingeschlossen wird, gesondert heraus.

- Für den Inhalt A der getönten Fläche gilt:

$$A = \int_a^b [g(x) - f(x)]\, dx$$

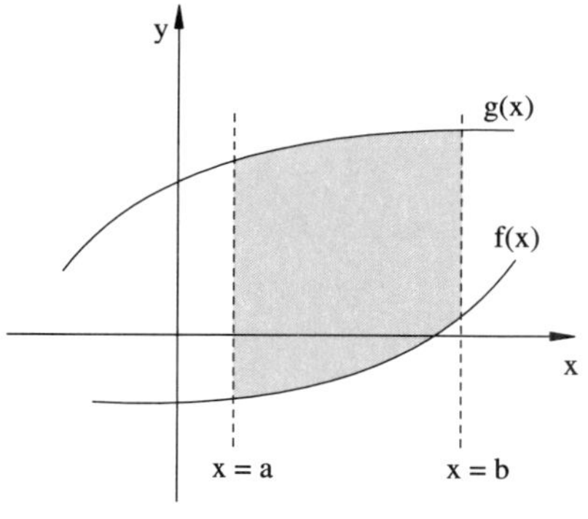

- Schneiden sich die Funktionsgraphen in dem zu betrachtenden Intervall, so wird die obige Formel abschnittsweise angewendet.

$$A = \int_a^c [g(x) - f(x)]\, dx + \int_c^b [f(x) - g(x)]\, dx$$

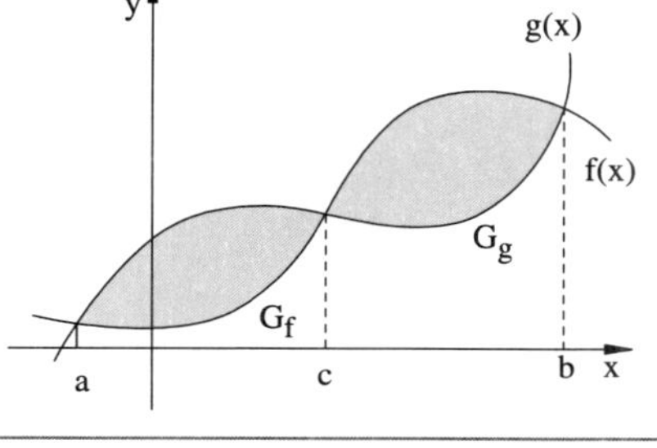

Beispiel:

Ermitteln Sie den Inhalt der Fläche, die von den Graphen der Funktionen f: $x \mapsto e^x - 5$; $x \in \mathbb{R}$ und g: $x \mapsto -6e^{-x}$; $x \in \mathbb{R}$ eingeschlossen wird, auf 2 Dezimalen genau!

Lösung:

Wir veranschaulichen den Sachverhalt zunächst in einer Skizze:

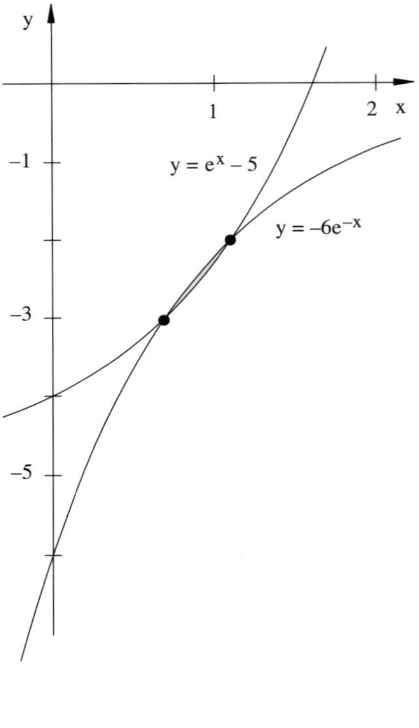

Aus der Skizze entnehmen wir, dass sich die Graphen in zwei Punkten schneiden.

Wir berechnen diese Schnittstellen:

$$e^x - 5 = -6e^{-x} \quad | \cdot e^x$$
$$\Leftrightarrow \quad e^{2x} - 5e^x = -6$$
$$\Leftrightarrow \quad e^{2x} - 5e^x + 6 = 0$$
$$\Leftrightarrow \quad (e^x - 2)(e^x - 3) = 0$$
$$\Leftrightarrow \quad e^x = 2 \quad \vee \quad e^x = 3$$
$$\Leftrightarrow \quad x = \ln 2 \quad \vee \quad x = \ln 3$$

Also:

$$A = \int_{\ln 2}^{\ln 3} [-6e^{-x} - (e^x - 5)]\,dx = \int_{\ln 2}^{\ln 3} (-6e^{-x} - e^x + 5)\,dx$$
$$= [6e^{-x} - e^x + 5x]_{\ln 2}^{\ln 3} = \tfrac{6}{3} - 3 + 5\ln 3 - \left(\tfrac{6}{2} - 2 + 5\ln 2\right)$$
$$= 2 - 3 + 5\ln 3 - 1 - 5\ln 2 = 5(\ln 3 - \ln 2) - 2 \approx 0{,}03\,[\text{FE}]$$

Aufgaben

32. Berechnen Sie den Inhalt der Fläche, die von den Graphen der beiden Funktionen f und g eingeschlossen wird, auf 2 Dezimalen genau! Fertigen Sie eine Zeichnung an!

$f(x) = e^{3-x}$; $x \in \mathbb{R}$

$g(x) = (1 - e)\,x + 3e - 2$; $x \in \mathbb{R}$

33. Ermitteln Sie den Inhalt der Fläche, die von den Graphen von

$f: x \mapsto e^{-\frac{x}{2}}$; $x \in \mathbb{R}$ und $g: x \mapsto e^{0,2x}$; $x \in \mathbb{R}$

sowie von den Geraden $x = -2$ und $x = 2$ eingeschlossen wird! Skizze!

34. Berechnen Sie den Inhalt des getönten Flächenstücks!

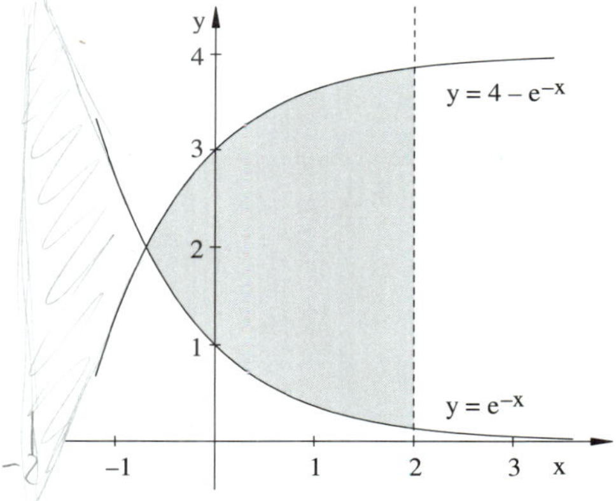

35. Zeigen Sie, dass das getönte Flächenstück die Flächenmaßzahl

$A = 2\sqrt{e} - \frac{2}{\sqrt{e}} + \frac{1}{3}$

hat!

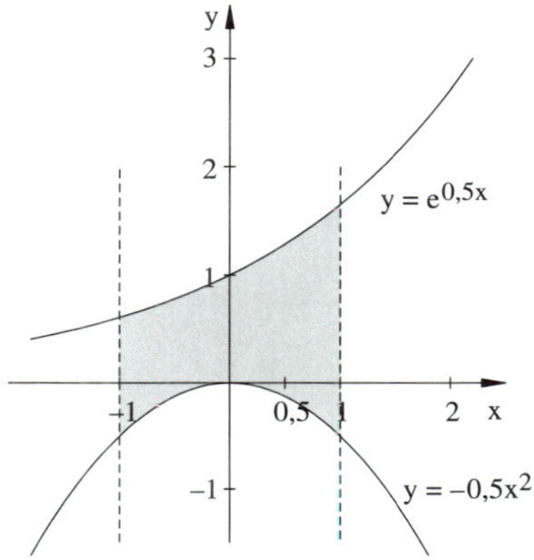

36. Berechnen Sie den Inhalt des Flächenstücks, das von den Graphen zu $f(x) = e^{-x}$ und $g(x) = 6 - e^{-x}$ mit der y-Achse eingeschlossen wird!

37. Die Abbildung zeigt den Graphen der Funktion f mit $f(x) = 2e^{-x} - e^{-2x}$, $x \in \mathbb{R}$. Berechnen Sie die Flächenmaßzahl des getönten Flächenstücks!

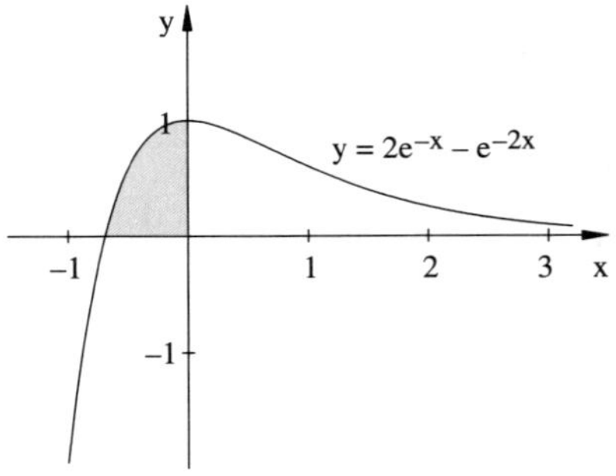

6. Diskussion von natürlichen Exponentialfunktionen

Eine natürliche Exponentialfunktion $f: x \mapsto f(x)$ mit $x \in D_f$ diskutieren heißt

- eventuelle Symmetrieeigenschaften des Graphen G_f erkennen,
- das Verhalten von $f(x)$ für $|x| \to \infty$ untersuchen,
- die Nullstellen von f berechnen,
- das Steigen und Fallen (Monotonieverhalten) des Graphen G_f untersuchen sowie Extrempunkte bestimmen,
- die Wendestellen und Wendepunkte (eventuell mit Tangente) ermitteln,
- den Graphen zeichnen.

Beispiele:

1. Ordnen Sie Graph und Funktionsgleichung einander zu!

   $f(x) = 4x e^{-x^2}$; $g(x) = 4x^2 e^x$; $h(x) = x^2 e^{x^2}$; $p(x) = 4x e^x$

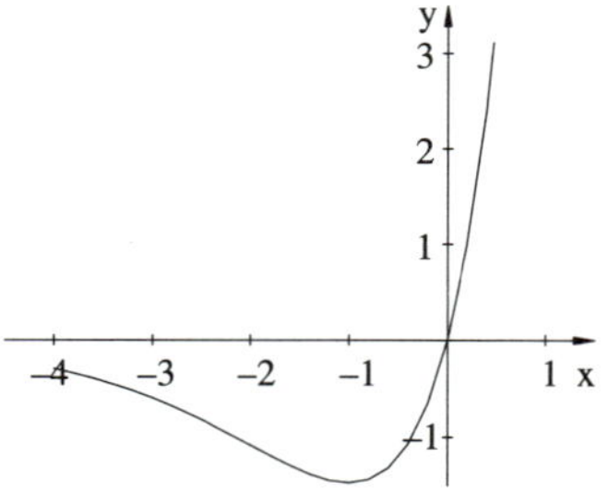

Abb. 1

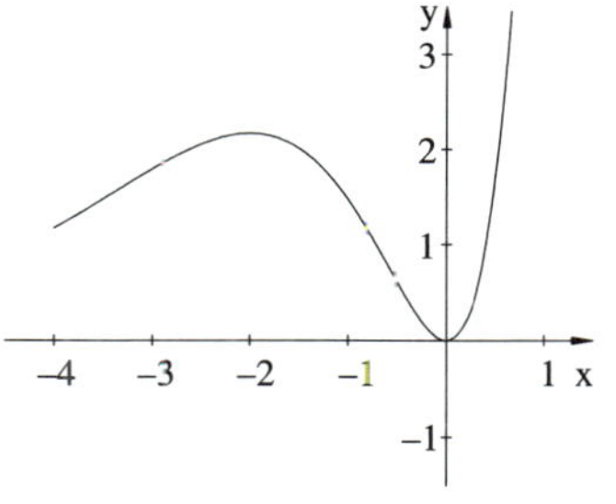

Abb. 2

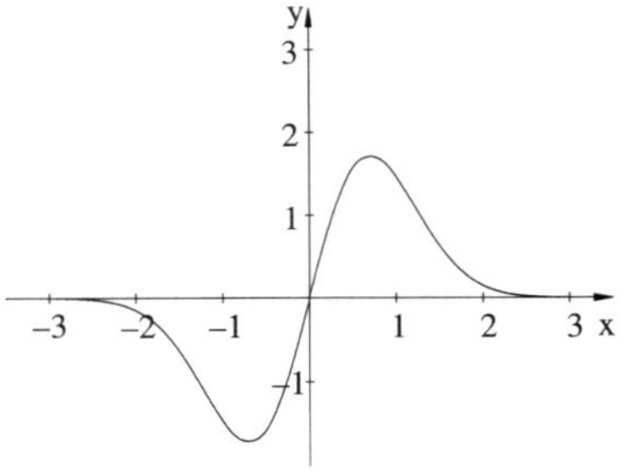

Abb. 3

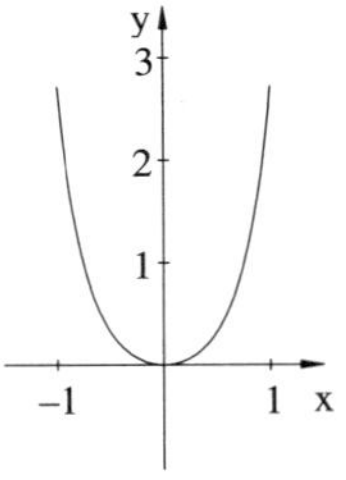

Abb. 4

Lösung:

Abbildung 1 $p(x) = 4x\,e^{x}$

Abbildung 2 $g(x) = 4x^{2}e^{x}$

Abbildung 3 $f(x) = 4x\,e^{-x^{2}}$

Abbildung 4 $h(x) = x^{2}e^{x^{2}}$

2. Untersuchen Sie den Graphen G_f der Funktion $f\colon x \mapsto 2x^{2}e^{-0{,}5x}$; $x \in \mathbb{R}$ auf Schnittpunkte mit den Koordinatenachsen, Verhalten für $|x| \to \infty$, Monotonieverhalten, Extrem- und Wendepunkte!
Skizzieren Sie aufgrund der bisherigen Ergebnisse den Graphen G_f!

Lösung:

Schnittpunkte mit den Koordinatenachsen
Für gemeinsame Punkte mit der x-Achse gilt $f(x) = 0$.
Also: $2x^{2}e^{-0{,}5x} = 0 \;\Leftrightarrow\; x = 0 \;\Rightarrow\; S_x\,(0|0)$

Für einen gemeinsamen Punkt mit der y-Achse gilt $x = 0$. Die y-Koordinate dieses Punktes erhalten wir, indem wir $f(0)$ berechnen.
Also: $f(0) = 2 \cdot 0 \cdot e^{-0{,}5 \cdot 0} = 0 \;\Rightarrow\; S_y\,(0|0)$

Ergebnis: Der Graph hat mit den Koordinatenachsen den Nullpunkt gemeinsam.

Verhalten für $|x| \to \infty$

$$\lim_{x \to \infty} 2x^{2}e^{-0{,}5x} = \lim_{x \to \infty} \frac{2x^{2}}{e^{0{,}5x}} = 2\lim \frac{x^{2}}{e^{0{,}5x}} \ldots$$

Wir unterbrechen an dieser Stelle und erinnern uns, dass die e-Funktion für $x \to \infty$ stärker gegen Unendlich geht als jede Potenzfunktion vom Typ $x \mapsto x^n$ mit $n \in \mathbb{N}$. Also:

$$2 \lim_{x \to \infty} \frac{x^2}{e^{0,5x}} = 0$$

$$\lim_{x \to -\infty} 2x^2 e^{-0,5x} = \lim_{x \to +\infty} 2(-x)^2 e^{-0,5(-x)}$$

$$= \lim_{x \to +\infty} 2x^2 e^{0,5x} = +\infty$$

Ergebnis: Die x-Achse ist **Asymptote** des Graphen G_f.

Monotonieverhalten

$$f'(x) = 2\,(2x\,e^{-0,5x} + x^2 \cdot e^{-0,5x} \cdot (-0,5))$$
$$= 2\,(2x\,e^{-0,5x} - 0,5x^2 e^{-0,5x})$$
$$= 2x\,e^{-0,5x}\,(2 - 0,5x)$$
$$= 2x\,(2 - 0,5x)\,e^{-0,5x}$$

$$f'(x) = 0 \Rightarrow x = 0 \;\vee\; 2 - 0,5x = 0$$
$$\Leftrightarrow \quad x = 4$$

Durch die Nullstellen wird der Definitionsbereich $D_f = D_{f'} = \mathbb{R}$ in drei Teilbereiche unterteilt, in denen f'(x) jeweils einheitliches Vorzeichen hat. Die Vorzeichenaussage über f'(x) ist jeweils durch ein Zahlenbeispiel möglich. Wir stellen die Ergebnisse in einer Tabelle zusammen:

Bereich	**Zahlenbeispiel**	**Aussage über f'(x)**	**Monotonie-aussage**
$-\infty < x < 0$	$f'(-2) = -4 \cdot 3 \cdot e < 0$	$f'(x) < 0$	f streng monoton abnehmend
$0 < x < 4$	$f'(2) = 4 \cdot 1 \cdot e^{-1} > 0$	$f'(x) > 0$	f streng monoton zunehmend
$4 < x < \infty$	$f'(6) = 12 \cdot (-1)\, e^{-3} < 0$	$f'(x) < 0$	f streng monoton abnehmend

Extrempunkte

Extremstellenverdächtig sind die Nullstellen der 1. Ableitung. Es gibt zwei Möglichkeiten des Nachweises:

Methode 1 (Vorzeichenwechsel von f'):

$$\left.\begin{array}{l} f'(-\infty < x < 0) < 0 \\ f'(0) = 0 \\ f'(0 < x < 4) > 0 \end{array}\right\} \Rightarrow \text{Tiefpunkt in } (0|0)$$

$$\left.\begin{array}{l} f'(0 < x < 4) > 0 \\ f'(4) = 0 \\ f'(4 < x < \infty) < 0 \end{array}\right\} \Rightarrow \text{Hochpunkt in } (4|32e^{-2} \approx 4{,}3)$$

Methode 2 (mithilfe der 2. Ableitung):

$$\begin{aligned} f'(x) &= 2\,(2x\,e^{-0{,}5x} - 0{,}5x^2e^{-0{,}5x}) \\ f''(x) &= 2\,\{2\,[e^{-0{,}5x} + x\,e^{-0{,}5x} \cdot (-0{,}5)] \\ &\quad -0{,}5[2x\,e^{-0{,}5x} + x^2 \cdot e^{-0{,}5x} \cdot (-0{,}5)]\} \\ &= 2\,(2e^{-0{,}5x} - x\,e^{-0{,}5x} - x\,e^{-0{,}5x} + 0{,}25x^2e^{-0{,}5x}) \\ &= 2e^{-0{,}5x}\,(2 - 2x + 0{,}25x^2) \end{aligned}$$

Es gilt:

$f'(0) = 0 \wedge f''(0) = 2 \cdot 2 = 4 > 0 \Rightarrow T\,(0|0)$

$f'(4) = 0 \wedge f''(4) = 2e^{-2}\,(2 - 8 + 4) < 0 \Rightarrow H\,(4|\approx 4{,}3)$

Wendepunkte

$$\begin{aligned} f''(x) = 0 &\Leftrightarrow 2 - 2x + 0{,}25x^2 = 0 \\ &\Leftrightarrow x^2 - 8x + 8 = 0 \\ &\Leftrightarrow x = \frac{8 + \sqrt{64 - 32}}{2} \vee x = \frac{8 - 4\sqrt{2}}{2} \\ &\Leftrightarrow x = 4 + 2\sqrt{2} \vee x = 4 - 2\sqrt{2} \\ &\quad\; x \approx 6{,}8 \qquad x \approx 1{,}2 \end{aligned}$$

Weiter gilt:

$$\begin{aligned} f'''(x) &= 2[e^{-0{,}5x} \cdot (-0{,}5)\,(2 - 2x + 0{,}25x^2) + e^{-0{,}5x}\,(-2 + 0{,}5x)] \\ &= 2e^{-0{,}5x}\,(-1 + x - 0{,}125x^2 - 2 + 0{,}5x) \\ &= 2e^{-0{,}5x}\,(-0{,}125x^2 + 1{,}5x - 3) \end{aligned}$$

$f'''(4 + 2\sqrt{2}) \neq 0;\quad f'''(4 - 2\sqrt{2}) \neq 0$

Somit sind $W_1(6{,}8|3{,}1)$ und $W_2(1{,}2|1{,}6)$ Wendepunkte des Graphen G_f.

Graph G_f
Aufgrund der bisherigen Ergebnisse ergibt sich die folgende Skizze des Graphen G_f:

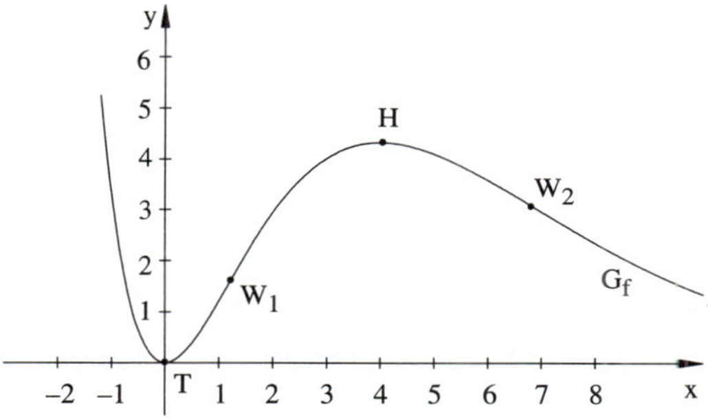

$f: x \mapsto 2x^2 e^{-0,5x}$; $x \in \mathbb{R}$

Aufgaben

38. *Symmetrieverhalten:* Untersuchen Sie den Graphen der Funktion f auf Symmetrieeigenschaften!

a) $f: x \mapsto x e^{-x^2}$; $x \in \mathbb{R}$

b) $f: x \mapsto 2e^{1-0,25x^2}$; $x \in \mathbb{R}$

c) $f: x \mapsto 4e^{-|x|} \cdot |x|$; $x \in \mathbb{R}$

d) $f: x \mapsto (e^x - e^{-x})^2$; $x \in \mathbb{R}$

39. *Schnittpunkte mit den Koordinatenachsen:* Untersuchen Sie den Graphen der Funktion f auf Schnittpunkte mit den Koordinatenachsen!

a) $f: x \mapsto 4(1-x)\,e^{x-1}$; $x \in \mathbb{R}$

b) $f: x \mapsto (1,5x+3)\,e^{-\frac{x}{2}}$; $x \in \mathbb{R}$

c) $f: x \mapsto 3e^{-2x} - e^{-x}$; $x \in \mathbb{R}$

d) $f: x \mapsto 0,5\,(e^x - e)^2$; $x \in \mathbb{R}$

40. *Monotonieverhalten:* Bestimmen sie jeweils die Nullstellen der 1. Ableitung der in $\mathbb{R}$ definierten Funktion f und prüfen Sie anhand des Monotonieverhaltens, ob relative Extremwerte vorliegen und von welcher Art sie sind!

a) $f(x) = (e^x - 1)^2$; $x \in \mathbb{R}$

b) $f(x) = e^{1-x^2}$; $x \in \mathbb{R}$

41. *Extrempunkte:* Ermitteln Sie für die Funktionsgraphen auf den Seiten 27/28 die Koordinaten der Extrempunkte!

42. *Kurvendiskussion:* Untersuchen Sie die in $\mathbb{R}$ definierte Funktion f auf Nullstellen, Verhalten für $|x| \to \infty$ und auf Symmetrieverhalten!
Bestimmen Sie die Extrempunkte des Graphen G_f, berechnen Sie einige geeignete Funktionswerte und zeichnen Sie G_f!

a) $f(x) = (e^x - 2)^2$

b) $f(x) = (2 - e^x)^2 + e^{2x}$

c) $f(x) = e^{1-0,5x^2}$

d) $f(x) = 3e^{-2x} - e^{-x}$

43. *Kurvendiskussion mit Flächeninhaltsberechnung:* Gegeben ist die Funktion f mit $f(x) = \left(\frac{x}{2} - 2\right) e^{0,5x}$, $x \in \mathbb{R}$ und Graphen G_f.

a) Berechnen Sie die Nullstelle von f!

b) Untersuchen Sie das Verhalten von f(x) für $|x| \to \infty$!

c) Ermitteln Sie die Koordinaten des Extrem- und Wendepunktes von G_f!

d) Zeichnen Sie aufgrund der bisherigen Ergebnisse den Graphen G_f!

e) Im Wendepunkt W (0|–2) wird die Normale zur Wendetangente errichtet. Zeigen Sie, dass die Normale die x-Achse an der Stelle x = 1 schneidet!

f) Zeigen Sie, dass $F(x) = \frac{e^{0,5x}}{0,25}(0,5x - 1)$ eine Stammfunktion von $f(x) = x\,e^{0,5x}$ ist!

g) Der Graph G_f schließt mit der Normale im Wendepunkt W (0|–2) und der x-Achse ein Flächenstück vollständig ein. Berechnen Sie den Inhalt dieses Flächenstücks!

7. Vermischte Aufgaben

Funktionenschar

44. Gegeben ist die Funktionenschar $f_k : x \mapsto e^{-x^2+kx}$ mit $k \in \mathbb{R}$ und $x \in \mathbb{R}$.

a) Diskutieren Sie die Funktionen f_k (Nullstellen, lokale Extrema, Wendestellen, Verhalten von $f_k(x)$ für $|x| \to \infty$)!

b) Zeigen Sie, dass alle Funktionsgraphen genau einen Punkt gemeinsam haben!

c) Skizzieren Sie die Graphen für k = 1 und k = 2!

d) Bestimmen Sie eine Gleichung der Kurve, auf der die Hochpunkte der Scharkurven liegen!

45. Gegeben ist die Funktionenschar $f_k : x \mapsto \frac{1}{4}(k - e^{-x})^2$, $x \in \mathbb{R}$ und $k \in \mathbb{R}^+$.

a) Diskutieren Sie die Funktionen f_k und zeichnen Sie den Graphen der Funktion f_4!

b) Berechnen Sie die Maßzahl der Fläche, die der Graph der Funktion f_4 mit den Koordinatenachsen einschließt!

Extremwertprobleme

46. Der Graph der Funktion f: $x \mapsto e^{0,5x}$; $x \in \mathbb{R}$ verläuft stets oberhalb der Geraden mit der Gleichung y = x. Ermitteln Sie die Koordinaten des Punktes des Graphen G_f, der von der Geraden y = x den kleinsten Abstand hat!

47. Zwischen der Kurve $y = e^{-\frac{x^2}{2}}$ und der x-Achse soll ein Rechteck mit möglichst großem Flächeninhalt eingezeichnet werden. Eine Rechteckseite liegt dabei auf der x-Achse. Wie groß ist dieser Flächeninhalt?

Funktionsgleichung bestimmen

48. Bestimmen Sie im Funktionsterm $f(x) = (x^2 + ax + b)\, e^x$ die Koeffizienten a und b so, dass die Funktionskurve die x-Achse bei x = 1 berührt!

49. a) Welche ganzrationale Funktion 3. Grades der Form
f: $x \mapsto f(x) = ax^3 + bx^2 + cx + d$ hat die folgenden Eigenschaften?

(1) Der Graph G_f schneidet an der Stelle $x = 2$ die x-Achse,
(2) besitzt im Punkt W (0,5 | 0) einen Wendepunkt und
(3) hat dort eine Wendetangente mit der Steigung $m = -4{,}5$.

b) Diskutieren Sie die Funktion $f: x \mapsto f(x) = 2x^3 - 3x^2 - 3x + 2;\ x \in \mathbb{R}$! Zeichnen Sie den Graphen G_f im Intervall $[-1; 1]$!

c) Untersuchen Sie die Funktion $g: x \mapsto x\,e^x;\ x \in \mathbb{R}$ auf Nullstellen, Verhalten für $|x| \to \infty$ und Extrema! Zeichnen Sie den Graphen G_g in das unter Teilaufgabe b angelegte Koordinatensystem!

d) Berechnen Sie auf 2 Dezimalen genau den Inhalt des Flächenstücks, das von den beiden Graphen G_f und G_g über dem Intervall $[-1; 0]$ eingeschlossen wird!
Hinweis: Zeigen Sie, dass $G(x) = e^x (x - 1)$ eine Stammfunktion zu $g(x) = x\,e^x$ ist!

Anwendungen

50. *Radioaktiver Zerfall einer Substanz:* Eine Gesteinsprobe enthält 1 mg einer radioaktiven Substanz. Nach 3 Jahren enthält die Gesteinsprobe nur mehr 0,6 mg dieser Substanz

a) Bestimmen Sie die Zerfallskonstante der radioaktiven Substanz!

b) Nach welcher Zeit enthält der Stein nur mehr 0,1 mg der radioaktiven Substanz?

51. *Radiokarbonmethode:* Das Kohlenstoffisotop C-14 ist natürlich radioaktiv mit der Halbwertzeit 5 760 Jahre. Es kommt in der Atmosphäre sowie in lebenden Organismen vor und sein Anteil bleibt konstant, solange die Organismen leben. Nach deren Tod nimmt der C-14-Anteil exponentiell ab.

a) In Holzresten aus der Höhle von Lascaux stellte man 14,5 % des ursprünglichen C-14-Gehalts fest. Berechnen Sie daraus das Alter dieser Holzreste!

b) Bis zu welchem Alter kann man diese Methode verwenden, wenn noch 1 % des ursprünglichen C-14-Gehalts mit hinreichender Genauigkeit festgestellt werden kann?

Natürliche Logarithmusfunktion

Logarithmen sind überall gegenwärtig. So wird zum Beispiel der Zusammenhang zwischen der subjektiv empfundenen Lautstärke und dem objektiv gemessenem physikalischem Reiz, der Schallintensität, durch das *Weber-Fechner-Gesetz* (nach G. Weber, 1804–1894, und G. T. Fechner, 1801–1887) beschrieben: Die Lautstärke wächst proportional zum *Logarithmus* der Schallintensität. Das erklärt, weshalb das menschliche Ohr den Lärm, der von zwei oder auch drei gleichen Rennwagen erzeugt wird, als nur unbedeutend stärker empfindet als die Schallstärke, die von einem dieser Rennwagen verursacht wird.

1. Grundlegende Eigenschaften

Die Umkehrfunktion der e-Funktion ist die natürliche Logarithmusfunktion.
In Kurzform: f: $x \mapsto \ln x$; $x \in \mathbb{R}^+$

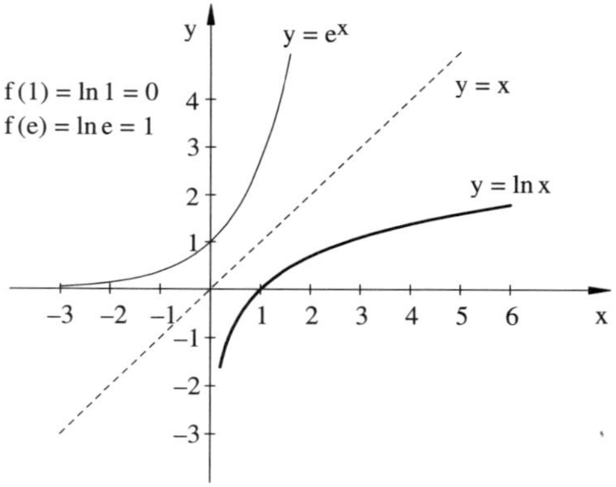

Zeichnerisch erhält man den Graphen der Funktion f: $x \mapsto \ln x$; $x \in \mathbb{R}^+$ durch Spiegelung des Graphen der Funktion g: $g \mapsto e^x$; $x \in \mathbb{R}$ an der Geraden $y = x$.

Folgerungen: $\ln(e^x) = x$; $e^{\ln x} = x$ für alle $x \in \mathbb{R}^+$

Die natürliche Logarithmusfunktion f mit $f(x) = \ln x$ ist an jeder Stelle $x \in \mathbb{R}^+$ differenzierbar. Es gilt:

$f'(x) = \frac{1}{x}$

Beispiele:

1. Bestimmen Sie die maximale Definitionsmenge von $f(x) = \ln(3x - 4)$!

   Lösung:
   Die gegebene Funktion $f(x) = \ln(3x - 4)$ entsteht durch Verketten der Funktionen $h(u) = \ln u$ und $u(x) = 3x - 4$. Wir wissen, dass $\ln u$ für alle $u > 0$ definiert ist.

Und da $u = 3x - 4$ ist, muss folglich gelten:

$3x - 4 > 0 \Leftrightarrow x > \frac{4}{3}$

Also:

$f(x) = \ln(3x - 4);\ D_{max} = \left]\frac{4}{3}; \infty\right[$

2. Ermitteln Sie die 1. Ableitung von $f(x) = \ln(2x - 3)$!

Lösung:

Die gegebene Funktion $f(x) = \ln(2x - 3)$ entsteht durch Verketten der Funktionen $h(u) = \ln u$ und $\boxed{u(x) = 2x - 3}$.

Die Ableitung erhält man nach der **Kettenregel:**

$f'(x) = \frac{dh(u)}{du} \cdot \frac{du}{dx} = h'[u(x)] \cdot u'(x)$

Mit $\frac{dh(u)}{du} = \frac{1}{u}$ und $\frac{du}{dx} = 2$ wird $f'(x) = \frac{1}{2x-3} \cdot 2 = \frac{2}{2x-3}$

3. Ermitteln Sie die 1. Ableitung von $f(x) = x \ln x^2$

Lösung:

Wir beginnen mit der **Produktregel:**

$f'(x) = (x)' \cdot \ln x^2 + x \cdot (\ln x^2)'$
$\quad = 1 \cdot \ln x^2 + x \cdot (\ln x^2)'$

Die Funktion $\ln x^2$ leiten wir mithilfe der Kettenregel ab:

$\quad = 1 \cdot \ln x^2 + x \cdot \frac{1}{x^2} \cdot 2x$

$\quad = \ln x^2 + \frac{2x^2}{x^2} = \ln x^2 + 2$

4. Gegeben ist die Funktion $f: x \mapsto \ln(2 - x)$ mit $x \in D_{max}$.
   a) Bestimmen Sie die maximale Definitionsmenge D_{max}!
   b) Skizzieren Sie den Graphen von f mithilfe einer geeigneten Wertetabelle!
   c) Zeigen Sie, dass f streng monoton abnehmend ist!

Lösung:

a) Es muss gelten: $2 - x > 0 \Leftrightarrow 2 > x \Leftrightarrow x < 2$
   $D_{max} =]-\infty; 2[$

b)

x	-4	-2	-1	0	1	$1{,}5$
$\ln(2-x)$	$1{,}8$	$1{,}4$	$1{,}1$	$0{,}7$	0	$-0{,}7$

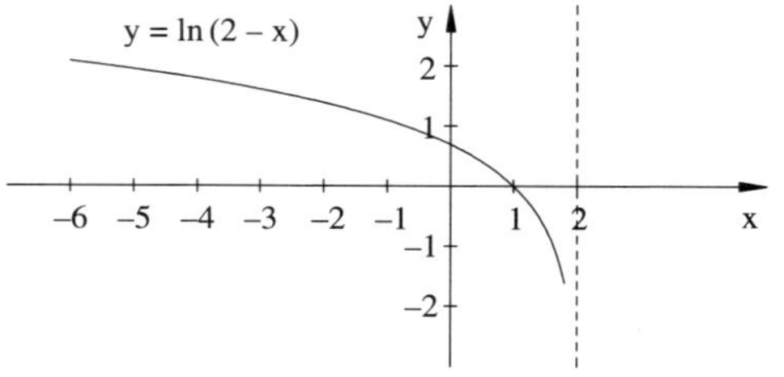

c) $f(x) = \ln(2-x);\ x < 2$

$$f'(x) = \underbrace{\frac{1}{2-x}}_{>0} \cdot (-1) < 0 \text{ für alle } x \in\ ]-\infty; 2[$$

Aufgaben

52. Bestimmen Sie die maximale Definitionsmenge:

a) $f(x) = \ln(2+x)$

b) $f(x) = \ln(x^2+1)$

c) $f(x) = x \ln x^2$

d) $f(x) = (1 - \ln x) \ln x$

e) $f(x) = x(\ln x)^2$

f) $f(x) = x^2(\ln x - 2)$

53. Bestimmen Sie die maximale Definitionsmenge von f und ermitteln Sie f'(x) sowie f''(x):

a) $f(x) = \ln 4x$

b) $f(x) = \ln x^4$

c) $f(x) = x^2 \ln x$

d) $f(x) = \frac{x}{\ln x}$

e) $f(x) = \ln\sqrt{x}$

f) $f(x) = \frac{1}{x}(\ln x + 1)$

54. Bestimmen Sie die Lösungsmenge:

a) $x(\ln x)^2 - x = 0;\ x \in \mathbb{R}^+$

b) $(\ln x)^2 + 2\ln x = 0;\ x \in \mathbb{R}^+$

55. Fassen Sie zusammen:

a) $\ln \frac{1}{e} + \ln \frac{1}{\sqrt{e}} + \ln e^2$

b) $2 \ln ax \cdot \ln x - \ln e^2 \cdot \ln \frac{e}{a} - (\ln x)^2 + \left(\ln \frac{e}{a}\right)^2$

56. Skizzieren Sie den Graphen der Funktion f mithilfe einer Wertetabelle!

a) $f(x) = \ln(2x)$

b) $f(x) = \ln\left(\frac{x}{2} + 1\right)$

c) $f(x) = \ln(1 - 2x)$

d) $f(x) = \ln\left(1 - \frac{x}{4}\right)$

57. Zeichnen Sie die Kurven $y = \ln\left(\frac{1}{x}\right)$, $y = \ln\left(\frac{2}{x}\right)$ und $y = \ln\left(\frac{3}{x}\right)$ in ein und dasselbe Koordinatensystem!
Was stellen Sie fest?

58. Gegeben ist die Funktion f: $x \mapsto \ln\left(\frac{x}{3}\right)$; $x \in \mathbb{R}^+$.

a) Wie lautet die Gleichung der Tangente an den Graphen von f, die durch die Nullstelle von f geht?

b) Bestimmen Sie eine Gleichung der Tangente an den Graphen von f, die diesen im Punkt B (?|3) berührt!

59. An welcher Stelle haben die Kurven $f(x) = \ln(x + 2)$ und $g(x) = x^2 + 2$ die gleiche Steigung?

60. Zeigen Sie: Die Graphen der Funktionen f und g mit $f(x) = \ln(2x - 1)$; $x > \frac{1}{2}$ und $g(x) = x^2 - 1$ berühren sich in genau einem Punkt!

2. Elemente einer Kurvendiskussion

Graphen können mithilfe von Wertetabellen gezeichnet werden. Diese Methode ist freilich sehr zeitraubend und auch nicht immer geeignet, die Besonderheiten der jeweiligen Funktion klar herauszustellen.

Von ganz anderer Qualität ist die Kurvendiskussion; sie arbeitet die typischen und charakteristischen Eigenschaften einer Funktion heraus. Solche Eigenschaften sind zum Beispiel Nullstellen, Monotonieverhalten, lokale Extrema und Wendestellen.

Nullstellen

Sie geben an, an welchen Stellen die Funktion den Wert Null annimmt, d. h. jene Stellen, an denen der Graph die x-Achse schneidet.
Bedingung: $f(x) = 0$

Monotonie

Wenn $\left\{\begin{matrix} f'(x) > 0 \\ f'(x) < 0 \end{matrix}\right\}$ für alle $x \in I$, dann ist f streng monoton $\left\{\begin{matrix} \text{wachsend} \\ \text{abnehmend} \end{matrix}\right\}$ im Intervall I.

relative (lokale) Extrema

Sie geben an, wo der Graph vom Fallen zum Steigen übergeht bzw. umgekehrt.
Sie lassen sich mithilfe der 1. und 2. Ableitung feststellen:
$f'(x) = 0 \wedge f''(x) < 0 \Rightarrow$ relatives Maximum bzw. Hochpunkt
$f'(x) = 0 \wedge f''(x) > 0 \Rightarrow$ relatives Minimum bzw. Tiefpunkt

Wendestellen

Sie lassen sich mithilfe der 2. und 3. Ableitung feststellen:
$f''(x) = 0 \wedge f'''(x) \neq 0$

Beispiele:

1. Ermitteln Sie die Nullstellen der Funktion
$f\colon x \mapsto (1 + \ln x) \ln x;\ x \in \mathbb{R}^+$!

Lösung:

$$
\begin{aligned}
f(x) = 0, \text{ wo} \quad & (1 + \ln x) \ln x = 0 \\
\Leftrightarrow \quad & 1 + \ln x = 0 \quad \vee \quad \ln x = 0 \\
\Leftrightarrow \quad & \ln x = -1 \quad \vee \quad x = 1 \\
\Leftrightarrow \quad & x = e^{-1} \quad \vee \quad x = 1
\end{aligned}
$$

Nullstellen: $\frac{1}{e}$; 1

2. Untersuchen Sie die Funktion $f\colon x \mapsto 2(\ln x)^2 - 3\ln x + 1;\ x \in \mathbb{R}^+$ auf lokale Extrema und geben Sie Art und Lage der Extrema an!

Lösung:

$$f'(x) = 2 \cdot 2\,(\ln x) \cdot \frac{1}{x} - 3 \cdot \frac{1}{x} = \frac{4}{x} \ln x - \frac{3}{x}$$

$$f''(x) = -\frac{4}{x^2} \ln x + \frac{4}{x} \cdot \frac{1}{x} + \frac{3}{x^2} = -\frac{4}{x^2} \ln x + \frac{7}{x^2}$$

$$
\begin{aligned}
f'(x) = 0 \quad \Leftrightarrow \quad & \frac{4}{x} \ln x - \frac{3}{x} = 0 \\
\Leftrightarrow \quad & \frac{1}{x}(4 \ln x - 3) = 0 \\
\Leftrightarrow \quad & 4 \ln x - 3 = 0 \quad \Leftrightarrow \quad \ln x = \frac{3}{4} \\
& \qquad\qquad\qquad\quad \Leftrightarrow \quad x = e^{0,75}
\end{aligned}
$$

$$
\begin{aligned}
f''(e^{0,75}) &= -\frac{4}{e^{1,5}} \cdot \frac{3}{4} + \frac{7}{e^{1,5}} = -\frac{3}{e^{1,5}} + \frac{7}{e^{1,5}} \\
&= \frac{4}{e^{1,5}} > 0 \Rightarrow \text{ lokales Minimum an der Stelle } x = e^{0,75}
\end{aligned}
$$

Mit $f(e^{0,75}) = 2\left(\frac{3}{4}\right)^2 - 3 \cdot \frac{3}{4} + 1 = \frac{9}{8} - \frac{9}{4} + 1 = -\frac{1}{8}$

folgt Tiefpunkt in $\left(e^{0,75} \,\middle|\, -\frac{1}{8}\right)$.

Aufgaben

61. Bestimmen Sie die Nullstelle von f:

a) $f(x) = x \ln x;\ x > 0$

b) $f(x) = x^2 (\ln x - 1);\ x > 0$

c) $f(x) = (\ln x)^2;\ x > 0$

d) $f(x) = x \ln \sqrt{x}\ ;\ x > 0$

e) $f(x) = (x^2 - 4) \ln x;\ x > 0$

62. Untersuchen Sie die Funktion f auf relative Extrema und geben Sie Art und Lage der Extrema an!

a) $f(x) = x\,(1 - \ln x);\ \ x \in \mathbb{R}^+$

b) $f(x) = x^2 - 2 \ln x;\ \ x \in \mathbb{R}^+$

63. Die nachfolgenden Abbildungen zeigen die Graphen logarithmischer Funktionen.
Wo schneiden die Graphen die x-Achse? Welche Koordinaten haben die Extrem- und Wendepunkte, sofern diese existieren?

a)

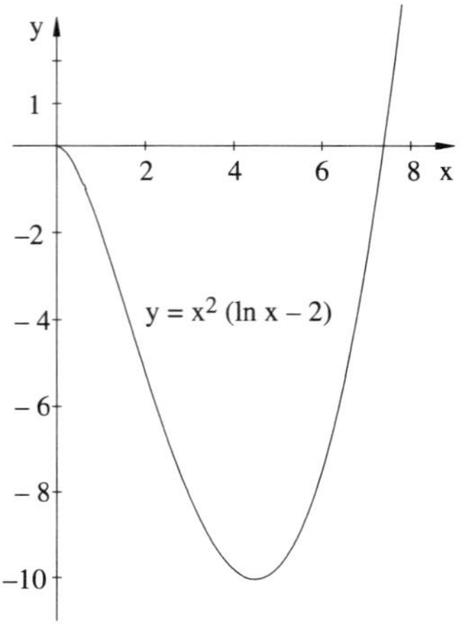

b)

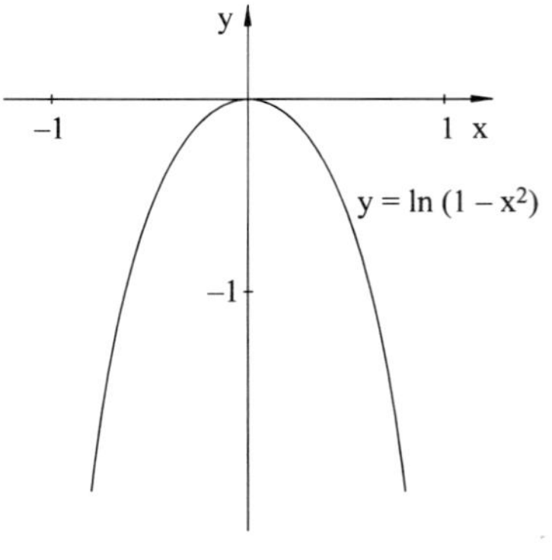

3. ln | x | als Stammfunktion, Flächenberechnung

Eine Stammfunktion der Funktion
f: $x \mapsto \frac{1}{x}$ mit $x \in \mathbb{R}\setminus\{0\}$
ist
F: $x \mapsto \ln|x|$ mit $x \in \mathbb{R}\setminus\{0\}$.
Daraus folgt:
$\int \frac{1}{x}\,dx = \ln|x| + C$ mit $x \in \mathbb{R}\setminus\{0\}$ und $C \in \mathbb{R}$

Beispiele:

1. Berechnen Sie: $\int_{-4}^{-2} \frac{1}{x}\,dx$

Lösung:

$$\int_{-4}^{-2} \frac{1}{x}\,dx = [\ln|x|]_{-4}^{-2} = \ln|-2| - \ln|-4| = \ln 2 - \ln 4 = \ln\frac{2}{4} = \ln\frac{1}{2} = -\ln 2$$

2. Ermitteln Sie den Inhalt des getönten Flächenstücks auf 1 Dezimale genau!

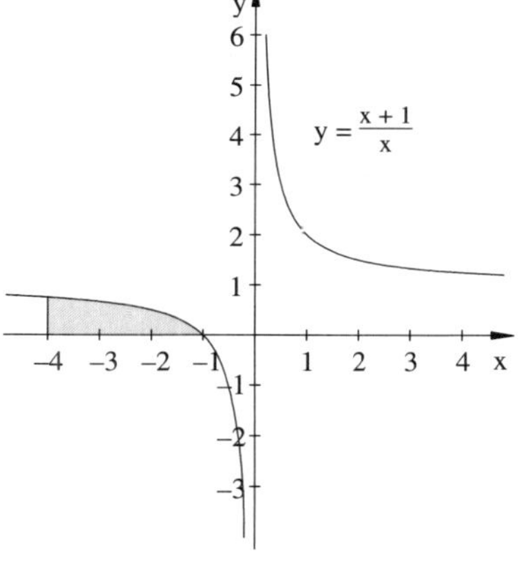

Lösung:

$$A = \int_{-4}^{-1} \frac{x+1}{x}\,dx = \int_{-4}^{-1} \left(1 + \frac{1}{x}\right) dx$$

$$= -1 + \ln|-1| - (-4 + \ln|-4|)$$

$$= -1 + 0 + 4 - \ln 4$$

$$= 3 - 2\ln 2 \approx 1{,}6 \text{ [FE]}$$

Aufgaben

64. Berechnen Sie:

a) $\int_{1}^{2} \frac{-2}{x}\,dx$

b) $\int_{-2}^{-1} \left(x - \frac{1}{x}\right) dx$

c) $\int_{-2}^{-1} \left(\frac{1}{x} + x^2 - 2{,}25\right) dx$

d) $-\int_{-2}^{-1} \frac{1}{2x}\,dx + \int_{-2}^{-1} \frac{1}{2}x\,dx$

65. Bestimmen Sie die Flächenmaßzahl des getönten Flächenstücks!

a)

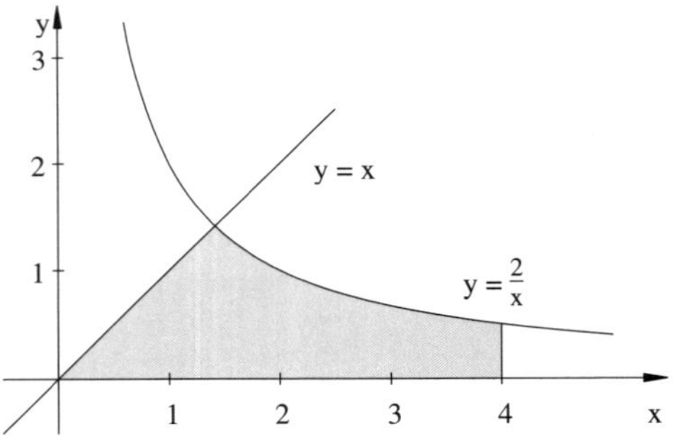

b)

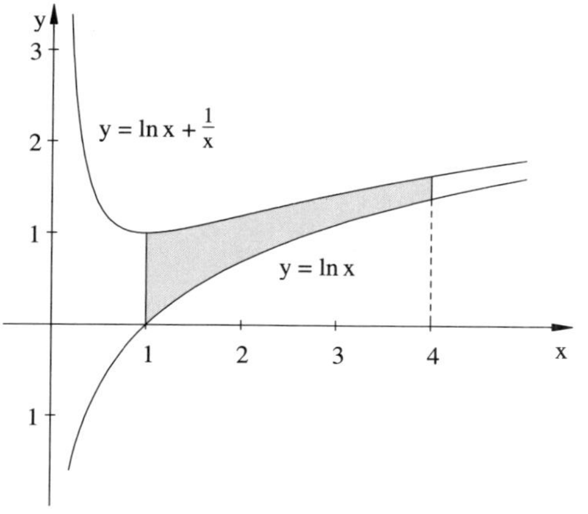

66. Ermitteln Sie den Flächeninhalt des Flächenstücks, das von den Graphen der Funktionen f und g eingeschlossen wird, auf 1 Dezimale genau! Eine Skizze ist hilfreich.

$f(x) = \frac{1}{x}\,;\ x \in \mathbb{R}^+$

$g(x) = -\frac{7}{4}x + 4\,;\ x \in \mathbb{R}$

67. Die Graphen der Funktionen f mit $f(x) = 3x$ und g mit $g(x) = \frac{3}{x}$ schließen mit der x-Achse und der Geraden $x = 4$ ein Flächenstück ein. Berechnen Sie den Flächeninhalt dieses Flächenstücks auf 1 Dezimale genau!

4. Kurvendiskussion mit Flächenberechnung

Alles Wichtige zur „Kurvendiskussion“ finden Sie auf Seite 40!

Beispiel:

Gegeben ist die Funktion f: $x \mapsto (\ln x)^3 - 3\ln x$ mit $x \in \mathbb{R}^+$.
Ihr Graph heißt G_f.

a) Bestimmen Sie die Nullstellen von f!

Lösung:

$$f(x) = 0,\text{ wo } \quad (\ln x)^3 - 3\ln x = 0 \quad \wedge \quad x \in \mathbb{R}^+$$
$$\Leftrightarrow \quad \ln x\,[(\ln x)^2 - 3] = 0$$
$$\Leftrightarrow \quad \ln x\,(\ln x - \sqrt{3})\,(\ln x + \sqrt{3}) = 0$$
$$\Leftrightarrow \quad \ln x = 0 \quad \vee \quad \ln x - \sqrt{3} = 0 \qquad \ln x + \sqrt{3} = 0$$
$$\Leftrightarrow \quad x = 1 \quad \vee \quad x = e^{\sqrt{3}} \quad \vee \quad x = e^{-\sqrt{3}}$$

Nullstellen: 1; $e^{\sqrt{3}} \approx 5{,}7$; $e^{-\sqrt{3}} \approx 0{,}2$

b) Zeigen Sie: $f'(x) = \frac{3(\ln x - 1)(\ln x + 1)}{x}$

Lösung:

$$f'(x) = 3(\ln x)^2 \cdot \frac{1}{x} - 3 \cdot \frac{1}{x} = \frac{3[(\ln x)^2 - 1]}{x} = \frac{3(\ln x - 1)(\ln x + 1)}{x}$$

c) Ermitteln Sie die Intervalle, auf denen $f'(x) > 0$ bzw. $f'(x) < 0$ ist!

Lösung:

$$f'(x) = 0 \quad \Leftrightarrow \quad (\ln x - 1)(\ln x + 1) = 0$$
$$\Leftrightarrow \quad \ln x - 1 = 0 \quad \vee \quad \ln x + 1 = 0$$
$$\Leftrightarrow \quad x = e \quad \vee \quad x = e^{-1} \approx 0{,}4$$

Durch die Nullstellen wird der Definitionsbereich $]0; \infty[$ in drei Teilbereiche unterteilt, in denen $f'(x)$ jeweils einheitliches Vorzeichen hat. Die Vorzeichenaussage über $f'(x)$ ist jeweils durch ein Zahlenbeispiel möglich. Wir stellen die Ergebnisse in einer Tabelle zusammen:

Bereich	Zahlenbeispiel	Aussage über f '(x)
$-\infty < x < e^{-1}$	$f'(0{,}1) \approx 129$	$f'(x) > 0$
$e^{-1} < x < e$	$f'(1) = -3$	$f'(x) < 0$
$e < x < \infty$	$f'(5) \approx 1$	$f'(x) > 0$

d) Entscheiden Sie allein mithilfe der bisherigen Ergebnisse, ob f(x) relative Extrema besitzt; bestimmen Sie gegebenenfalls Art und Lage dieser Extrema!

Lösung:

Die Funktion besitzt genau zwei relative Extrema. In der Umgebung der Stelle $x = e^{-1}$ geht die Funktion vom Wachsen ins Abnehmen über. An der Stelle $x = e^{-1}$ hat die Funktion ein relatives Maximum. Punkt $(e^{-1} | 2)$ ist Hochpunkt von G_f.

In der Umgebung der Stelle x = e geht die Funktion vom Abnehmen ins Wachsen über.

An der Stelle x = e hat die Funktion ein relatives Minimum. Punkt $(e | -2)$ ist Tiefpunkt von G_f.

e) Skizzieren Sie aufgrund der bisherigen Ergebnisse den Graphen G_f!
(1 LE $\hat{=}$ 2 cm)

Lösung:

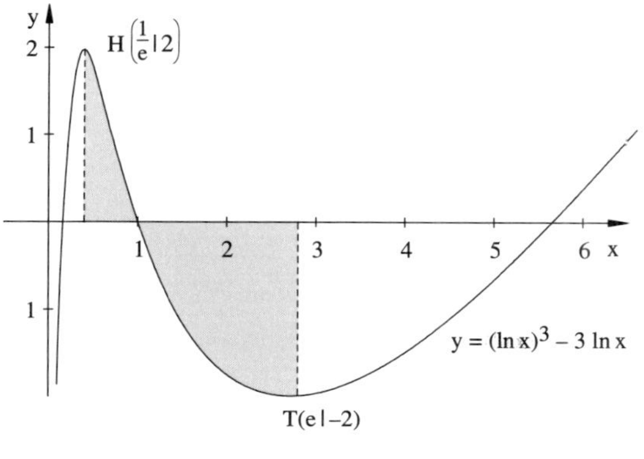

f) Zeigen Sie, dass $F(x) = x(\ln x)^3 - 3x(\ln x)^2 + 3x\ln x - 3x$ eine Stammfunktion von $f(x)$ ist!

Lösung:

$$F'(x) = 1\cdot(\ln x)^3 + x\cdot 3(\ln x)^2\cdot\frac{1}{x} - 3\left[1\cdot(\ln x)^2 + x\cdot 2(\ln x)\cdot\frac{1}{x}\right]$$

$$+3\left(1\cdot\ln x + x\cdot\frac{1}{x}\right) - 3$$

$$= (\ln x)^3 + 3(\ln x)^2 - 3(\ln x)^2 - 6\ln x + 3\ln x$$

$$= (\ln x)^3 - 3\ln x = f(x)$$

g) Der Graph von f schließt mit der x-Achse über dem Intervall $[e^{-1}; e]$ eine Fläche ein. Bestimmen Sie die Flächenmaßzahl dieser Fläche auf 1 Dezimale genau!

Lösung:

$$A = \int_{\frac{1}{e}}^{1} f(x)\,dx + \left|\int_{1}^{e} f(x)\,dx\right|$$

$$= \left[x(\ln x)^3 - 3x(\ln x)^2 + 3x\ln x - 3x\right]_{\frac{1}{e}}^{1}$$

$$+\left|\left[x(\ln x)^3 - 3x(\ln x)^2 + 3x\ln x - 3x\right]_1^e\right|$$

$$= -3 - \left[\frac{1}{e}(-1)^3 - \frac{3}{e}(-1)^2 + \frac{3}{e}(-1) - \frac{3}{e}\right] + \left|e - 3e + 3e - 3e - (-3)\right|$$

$$= -3 - \left(-\frac{1}{e} - \frac{3}{e} - \frac{3}{e} - \frac{3}{e}\right) + \left|3 - 2e\right|$$

$$= \frac{10}{e} - 3 + 2e - 3 = 2e + \frac{10}{e} - 6 \approx 3{,}1\,[FE]$$

Aufgaben

68. Ermitteln Sie für die hier abgebildeten Funktionsgraphen jeweils die gemeinsamen Punkte mit der x-Achse und die Koordinaten der Extrempunkte!

a)
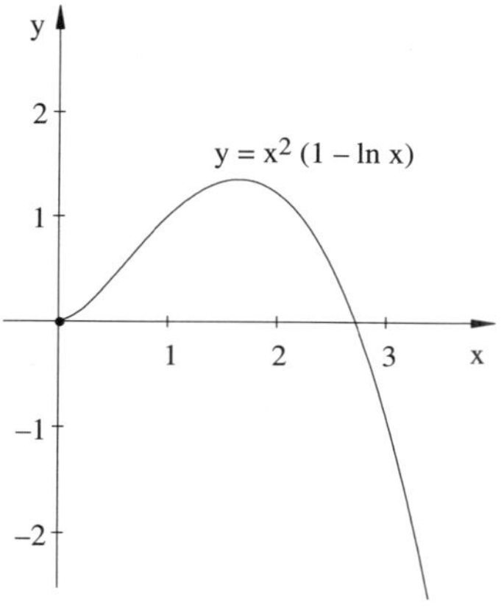

b)
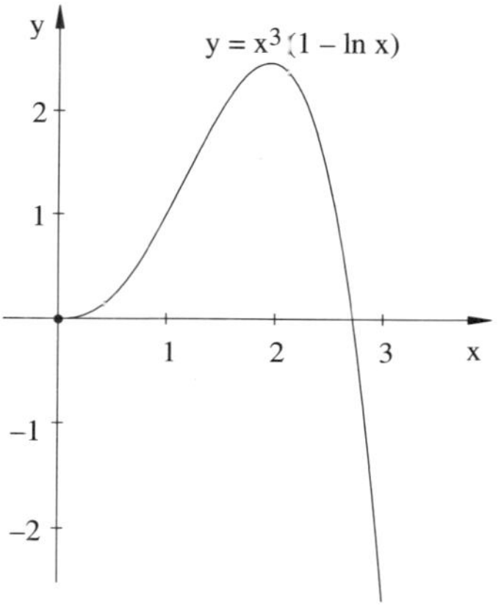

69. Gegeben ist die Funktion f: $x \mapsto 2x\sqrt{x} - 3\ln x + 6$ mit $x \in \mathbb{R}^+$.
Untersuchen Sie mithilfe der 1. Ableitung das Monotonieverhalten von f! Geben Sie Art und Lage des Extrempunktes von G_f an!

70. Gegeben ist die Funktion f: $x \mapsto \ln\sqrt{1-x^2}$ mit maximaler Definitionsmenge D_f.

a) Geben Sie D_f an!

b) Untersuchen Sie das Monotonieverhalten von f anhand der 1. Ableitung!

c) Zeichnet sich der Graph von f durch ein besonderes Symmetrieverhalten aus?

d) Skizzieren Sie den Graphen von f!

71. Gegeben ist die Funktion f durch $y = f(x)$ mit $x \in D_f$ und Graphen G_f. Bestimmen Sie die maximale Definitionsmenge D_f! Untersuchen Sie f auf Nullstellen und G_f auf Extrempunkte! Ermitteln Sie das Verhalten von f(x) an den Grenzen von D_f und skizzieren Sie G_f!

a) $f(x) = x^2(\ln x - 1);\ x \in D_f$

b) $f(x) = \ln(x^2 - 1);\ x \in D_f$

c) $f(x) = (\ln x - 1)^2 - 1;\ x \in D_f$

d) $f(x) = x^2 - 2\ln x;\ x \in D_f$

72. Die Abbildung zeigt die Kurve $y = (1 + \ln x)\ln x$.

a) Übertragen Sie die Abbildung auf Ihr Blatt und zeichnen Sie in dasselbe Koordinatensystem die Kurve $y = 1 + \ln x$ ein!

b) Zeigen Sie, dass $F(x) = x(\ln x)^2 - 2x\ln x + 2x$ eine Stammfunktion zu $f(x) = (\ln x)^2$ ist!

c) Die beiden Kurven schließen eine Fläche vollständig ein. Bestimmen Sie den Inhalt dieser Fläche!

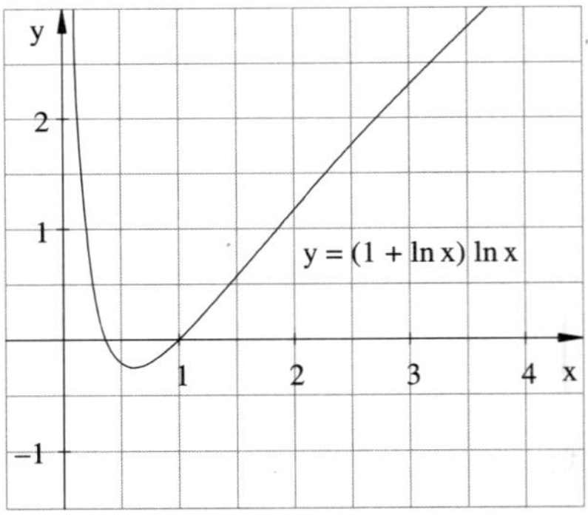

5. Vermischte Aufgaben

Extremwertaufgaben

Beispiel:

Gegeben ist die Funktion f mit $f(x) = \ln\frac{1}{x}$ und $x \in \mathbb{R}^+$. P ist ein beliebiger Punkt auf der Kurve von f. Die Parallelen zu den Koordinatenachsen durch P begrenzen mit den Koordinatenachsen ein Rechteck.
Bestimmen Sie die Koordinaten von P so, dass der Rechtecksinhalt maximal wird!

Lösung:

$f(x) = \ln\frac{1}{x} = \ln 1 - \ln x = -\ln x$

Wir veranschaulichen das Problem in einer Zeichnung:

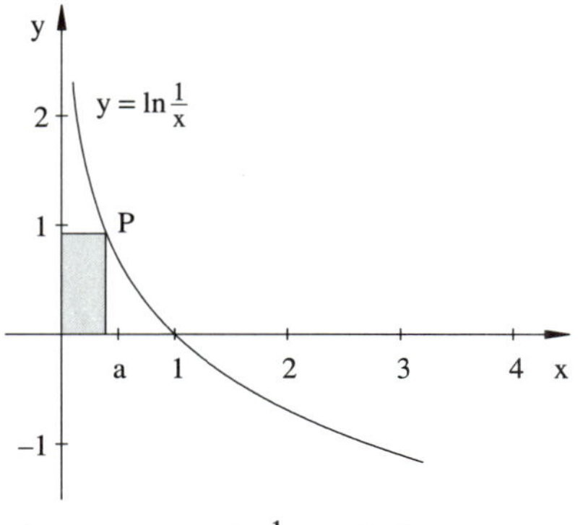

$$A_{\text{Rechteck}}(a) = a \cdot \ln\frac{1}{a} = a\,(-\ln a)$$

$$A'(a) = 1\,(-\ln a) + a\left(-\frac{1}{a}\right) = -\ln a - 1$$

$$A'(a) = 0 \iff -\ln a - 1 = 0 \iff \ln a = -1$$
$$\iff a = e^{-1}$$

$f(e^{-1}) = 1$

$A''(a) = -\frac{1}{a}$

$A''(e^{-1}) = -\frac{1}{\frac{1}{e}} = -e < 0 \Rightarrow A(a)$ wird für $a = e^{-1}$ maximal

Der Inhalt des Rechtecks wird maximal, wenn $P(e^{-1} \mid 1)$ ist.

Aufgaben

73. Gegeben ist die Funktion f mit $f(x) = \ln x - 1$ und $x > 0$.
Welcher Punkt des Graphen von f hat vom Koordinatenursprung den kleinsten Abstand?
Hinweis: Genau dann, wenn der Abstand minimal wird, ist auch das Quadrat dieses Abstands minimal.

74. Gegeben seien die Funktionen f und g mit $f(x) = \frac{1}{2x}$; $x > 0$ und $g(x) = -x$.
Zwischen den Graphen von f und g soll ein achsenparalleler Streifen der Breite 1 eingeschlossen werden (siehe Abbildung).
Wie muss $a > 0$ gewählt werden, damit der Inhalt des Streifens minimal wird?

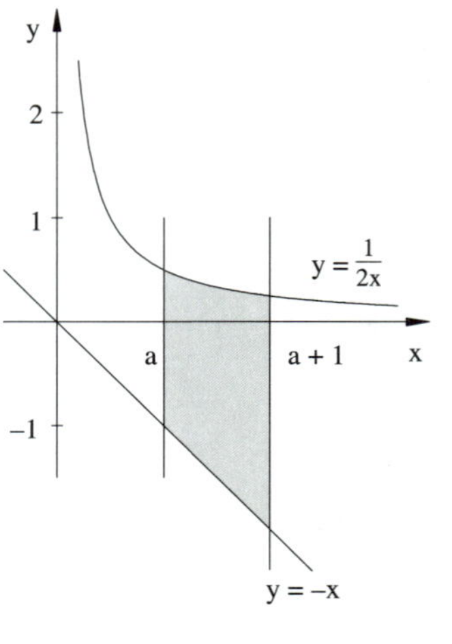

Funktionenscharen, geometrische Ortskurve

Beispiel:

Die Abbildung zeigt die Graphen der Funktionenschar
$f_a: x \mapsto \frac{a}{x} + \ln x$ mit $a \geq 1$ und $x > 0$ für $a = 1$, $a = 2$ und $a = 3$.

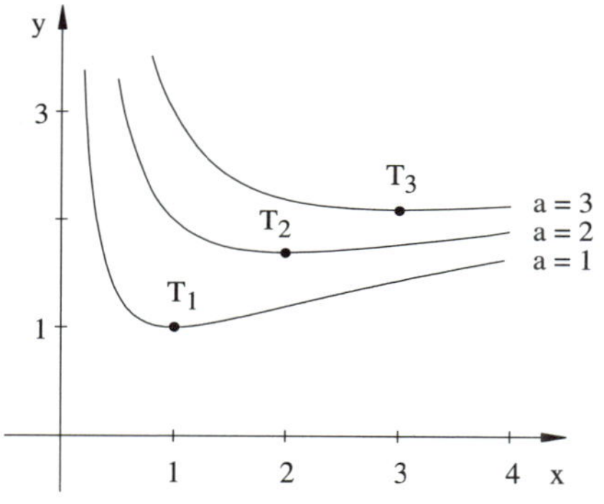

Ermitteln Sie die Gleichung der Kurve, auf der die Extrempunkte der Scharkurven liegen!

Lösung:

$$f_a'(x) = -\frac{a}{x^2} + \frac{1}{x}$$

$$f_a''(x) = \frac{2a}{x^3} - \frac{1}{x^2}$$

$$f_a'(x) = 0 \iff -\frac{a}{x^2} + \frac{1}{x} = 0 \quad | \cdot x^2$$

$$\iff -a + x = 0 \iff x = a$$

$$f(a) = 1 + \ln a$$

$$f''(a) = \frac{2a}{a^3} - \frac{1}{a^2} = \frac{2}{a^2} - \frac{1}{a^2} = \frac{1}{a^2} > 0 \Rightarrow \text{Tiefpunkte in } (a \mid 1 + \ln a)$$

Wir eliminieren a aus den Gleichungen $x = a$ und $y = 1 + \ln a$:
$y = 1 + \ln x$ mit $x \geq 1$

Die Tiefpunkte der Scharkurven liegen auf der Kurve mit der Gleichung
$y = 1 + \ln x;\ \ x \geq 1$.

Aufgaben

75. Gegeben ist die Funktionenschar f_a: $x \mapsto a^2 x - \ln x$ mit $a \geq 1$ und $x > 0$.

a) Diskutieren Sie die Funktionen f_a und skizzieren Sie die Scharkurven für $a = 1$, $a = 2$ und $a = 3$ in ein und dasselbe Koordinatensystem!

b) Ermitteln Sie die Gleichung der Kurve, auf der die Extrempunkte der Scharkurven liegen!

76. Die Abbildung zeigt die Graphen der Funktionenschar

f_a: $x \mapsto \frac{\ln x - \frac{a}{4}}{x}$ mit $a > 0$ und $x \in \mathbb{R}^+$ für $a = 1$, $a = 2$ und $a = 4$.

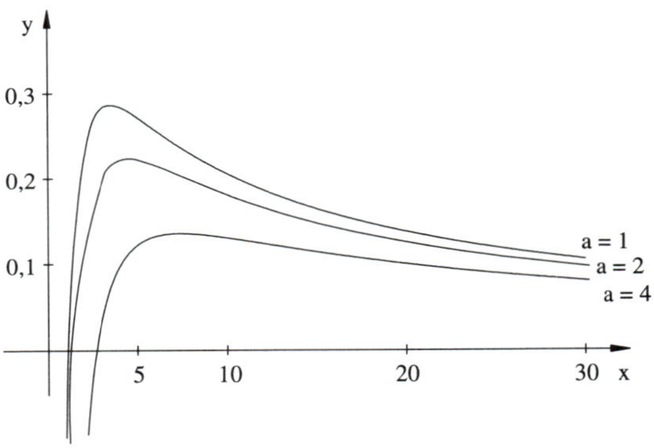

a) Ermitteln Sie die Gleichung der Kurve, auf der die Extrempunkte der Scharkurven liegen!

b) Jede Scharkurve hat genau einen Wendepunkt. Welche Beziehung besteht zwischen den x-Werten der Hoch- und Wendepunkte der Scharkurven?

Gebrochenrationale Funktionen

Im Jahre 1666 entwickelte *Isaac Newton* im Alter von 24 Jahren die Idee einer universellen Schwerkraft. Danach ist es ein und dieselbe Kraft, die Planeten auf ihrer Bahn um die Sonne hält, jeden Mond an seine Bahn bindet, Gezeiten verursacht, das Gewicht eines Gegenstandes auf einem Himmelskörper bestimmt und fallende Körper in der beobachteten Weise zur Erde gelangen lässt. Diese Kraft heißt Gravitationskraft und das Gesetzt lautet:

$$F(x) = G \cdot \frac{m_1 \cdot m_2}{x^2}$$

Dieses Gesetzt besagt, dass zwischen zwei beliebigen Massen m_1 und m_2, wo immer in der Welt sie sich befinden, eine gegenseitige Anziehungskraft F wirkt und dass jeder der Körper den anderen mit derselben Kraft anzieht, die dem Produkt beider Massen direkt und dem Quadrat ihres Abstandes x umgekehrt proportional ist. G ist die universelle Gravitationskonstante.

Einer Legende zufolge soll Newton ein auf den Kopf gefallener Apfel den Gedanken an die allgemeine Gravitation eingegeben haben. Er dachte bei sich, wenn die Erde schon den einen Apfel anzieht, zieht sie dann nicht auch entferntere Himmelskörper an?
Mathematisch betrachtet stellt das Gravitationsgesetz die Abbildungsvorschrift einer gebrochenrationalen Funktion dar.

1. Definitionslücken und Nullstellen

Eine Funktion der Form

$f\colon x \mapsto f(x) = \frac{u(x)}{v(x)}$

heißt eine gebrochenrationale Funktion, wenn u und v Polynomfunktionen sind und wenn der Grad von v wenigstens 1 ist.

Definitionslücken

Die Nullstellen des Nennerterms v (x) heißen Definitionslücken.

Nullstellen

Die Nullstellen von f sind diejenigen Nullstellen des Zählerterms u (x), die nicht zugleich Nullstellen des Nennerterms v (x) sind.

Beispiele:

1. Bestimmen Sie die Definitionslücken und Nullstellen von f mit

   $f(x) = \frac{x^2 - 4}{x - 1}$!

   Lösung:

   Die Funktion ist dort nicht definiert, wo $x - 1 = 0 \Leftrightarrow x = 1$.

   Definitionslücke: 1

   Die Nullstellen folgen aus $f(x) = 0$. Also:

   $x^2 - 4 = 0 \Leftrightarrow x = 2 \vee x = -2$

   Nullstellen: 2; –2

2. Faktorisieren Sie Zähler- und Nennerterm, geben Sie die maximale Definitionsmenge D_f an und ermitteln Sie gegebenenfalls die Nullstellen der Funktion f mit

   $f(x) = \frac{2x^2 - 2}{x^2 - 3x + 2}$!

Lösung:

$$f(x) = \frac{2x^2-2}{x^2-3x+2} = \frac{2(x^2-1)}{(x-1)(x-2)} = \frac{2(x+1)(x-1)}{(x-1)(x-2)}$$

maximale Definitionsmenge:

$D_f = \mathbb{R}\setminus\{1; 2\}$

Nullstellen:

Die Nullstellen ergeben sich aus $f(x) = 0$. Also:

$2(x+1)(x-1) = 0 \Leftrightarrow x = -1 \vee x = 1$

Die Zahl –1 gehört zur Definitionsmenge D_f; die Zahl 1 jedoch nicht. Also hat f die Nullstelle –1.

Aufgaben

77. Bestimmen Sie die Definitionslücken von

a) $f(x) = \frac{1}{x}$

b) $f(x) = \frac{-2}{x+1}$

c) $f(x) = \frac{x}{(1-x)^2}$

d) $f(x) = \frac{2x^2}{x^3-2x^2+x}$

78. Berechnen Sie die Nullstellen von

a) $f\colon x \mapsto \frac{2x^2-4}{x-1}$; $x \in \mathbb{R}\setminus\{1\}$

b) $f\colon x \mapsto \frac{3x^2-18x}{(x-4)^2}$; $x \in \mathbb{R}\setminus\{4\}$

c) $f\colon x \mapsto \frac{x^2-7x+10}{3x^2}$; $x \in \mathbb{R}\setminus\{0\}$

79. Ermitteln Sie die Definitionslücken und Nullstellen von

a) $f(x) = \frac{x^3}{x^2-1}$

b) $f(x) = \frac{x^4}{x^3-x}$

80. Faktorisieren Sie Zähler- und Nennerterm, geben Sie die maximale Definitionsmenge D_f an und ermitteln Sie gegebenenfalls die Nullstellen der Funktion:

a) $f(x) = \dfrac{x^2 - x}{x^2 - x - 6}$

b) $f(x) = \dfrac{x^3 + x^2}{x^2 - 1}$

81. Betrachten Sie die Graphen und geben Sie jeweils die Definitionslücken und Nullstellen der zugehörigen Funktion an:

a)

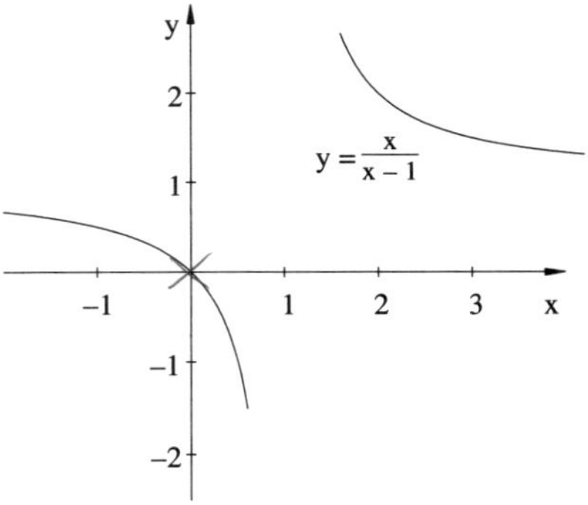

b)

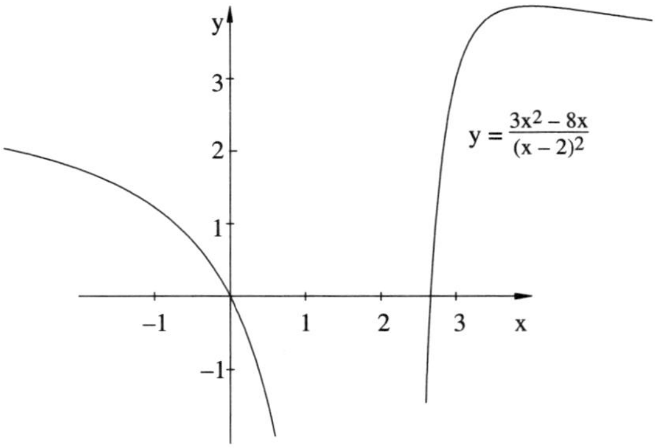

2. Graph in der Umgebung einer Definitionslücke, senkrechte Asymptoten

Wir unterscheiden:

Pole mit Zeichenwechsel,

wenn die Nullstelle x_0 des Nennerpolynoms *einfach, dreifach, fünffach, …* ist und x_0 nicht zugleich Nullstelle des Zählerpolynoms ist.

Die Senkrechte durch x_0 heißt eine (senkrechte) Asymptote der Kurve.

Beispiel: $f: x \mapsto \frac{2}{x-1}$; $x \in \mathbb{R} \setminus \{1\}$

1 ist einfacher Pol mit Zeichenwechsel;
x = 1 ist senkrechte Asymptote.

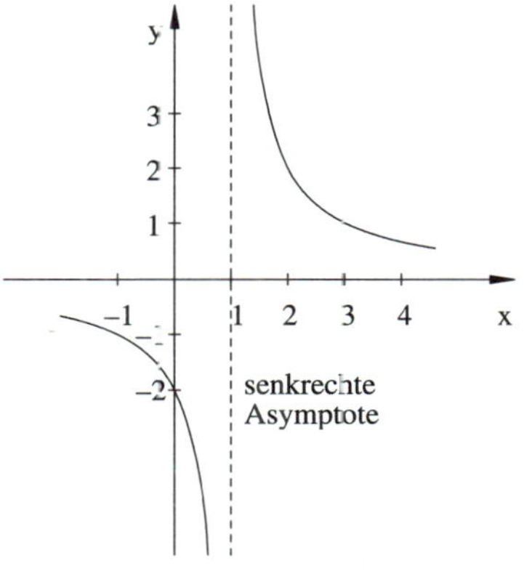

Pole ohne Zeichenwechsel,

wenn die Nullstelle x_0 des Nennerpolynoms *zweifach, vierfach, sechsfach, …* ist und x_0 nicht zugleich Nullstelle des Zählerpolynoms ist.

Die Senkrechte durch x_0 heißt eine (senkrechte) Asymptote der Kurve.

Beispiel: $f: x \mapsto \frac{2}{(x-1)^2}$; $x \in \mathbb{R} \setminus \{1\}$

1 ist Pol 2. Ordnung ohne Zeichenwechsel;
x = 1 ist senkrechte Asymptote.

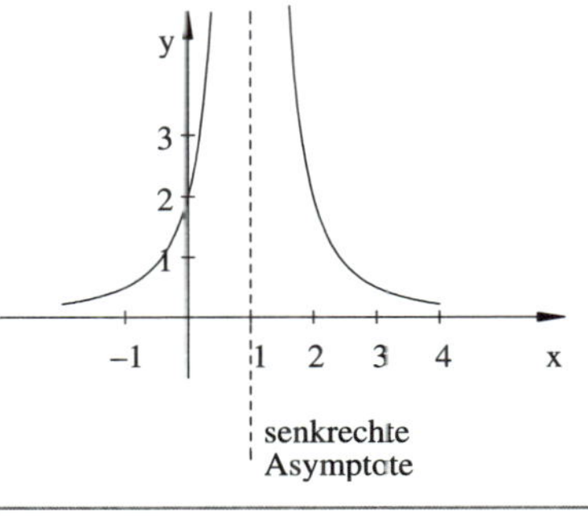

Behebbare Definitionslücke,

wenn x_0 *gemeinsame* Nullstelle des Nenner- und Zählerpolynoms ist (so dass Zähler und Nenner mit einer gewissen Potenz von $(x - x_0)$ gekürzt werden können) und x_0 nicht mehr Definitionslücke des gekürzten Funktionsterms ist.

Wenn die gekürzte Funktion immer noch die Definitionslücke x_0 hat, so ist x_0 ein Pol.

Beispiel: $f\colon x \mapsto \frac{x+1}{x^2 - x - 2}$; $x \in \mathbb{R} \setminus \{2; -1\}$

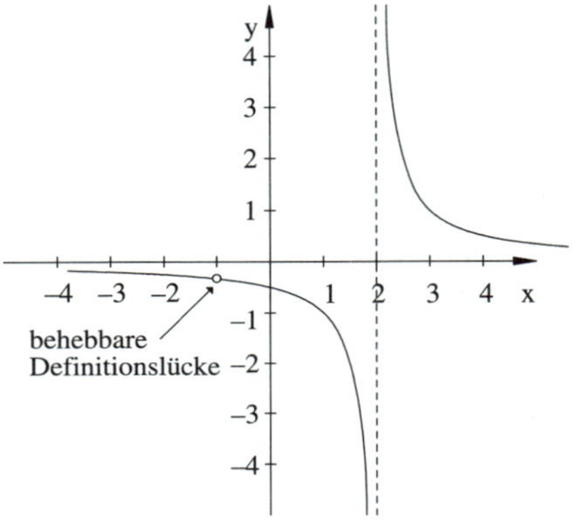

f hat an der Stelle $x_0 = -1$ eine behebbare Definitionslücke.

Dies erkennen wir, wenn wir faktorisieren:

$$\lim_{x \to -1} \frac{x+1}{x^2 - x - 2} = \lim_{x \to -1} \frac{x+1}{(x+1)(x-2)} = \lim_{x \to -1} \frac{1}{x-2} = \frac{1}{-1-2} = -\frac{1}{3}$$

f hat in 2 einen Pol erster Ordnung. Das Verhalten des Graphen von f in der Umgebung der Definitionslücke 2 ergibt sich aus der Grenzwertbetrachtung:

$$\lim_{x \to 2+} f(x) = \lim_{x \to 2+} \frac{x+1}{x^2 - x - 2} = \lim_{x \to 2+} \frac{x+1}{(x+1)(x-2)} = +\infty$$

$$\lim_{x \to 2-} f(x) = \lim_{x \to 2-} \frac{x+1}{(x+1)(x-2)} = -\infty$$

Aufgaben

82. Untersuchen Sie, welche Art von Definitionslücke vorliegt! Berechnen Sie die Grenzwerte an der Lücke und geben Sie im Falle einer behebbaren Definitionslücke an, durch welche Festsetzung diese Lücke geschlossen werden kann!

a) $f(x) = \frac{-x^2+4}{x^2-x}$ b) $f(x) = \frac{x^3+2x^2+x}{x^3+x^2}$

c) $f(x) = \frac{x^2+x-6}{x^2-3x+2}$ d) $f(x) = \frac{2x^3-2x^2-4x}{x^3-3x^2-4x}$

83. Gegeben ist die Funktion $f\colon x \mapsto f(x) = \frac{2x^2}{x^4-4x^2}$; $x \in D_f$.

Der grobe Verlauf des Graphen von f ist zu skizzieren. Lösen Sie dazu folgende Teilaufgaben:

a) Faktorisieren Sie Zähler- und Nennerpolynom!

b) Ermitteln Sie die Definitionslücken von f und geben Sie den maximal möglichen Definitionsbereich D_f an!

c) Untersuchen Sie f auf Nullstellen!

d) Wo hat die Funktion Pole und wie verläuft der Graph in der Nähe der Pole? Skizze!

84. Bestimmen Sie alle senkrechten Asymptoten des Graphen von f und skizzieren Sie den groben Kurvenverlauf in der Umgebung der Polstelle!

a) $f(x) = \frac{x-2}{x+2}$ b) $f(x) = \frac{1}{x^2-1}$

c) $f(x) = \frac{2}{x^2+2x}$ d) $f(x) = \frac{1}{(2-x)^2}$

85. Geben Sie eine Gleichung einer gebrochenrationalen Funktion mit folgenden Eigenschaften an:

a) Die Gerade x = –2 ist Asymptote und x = 0 ist Nullstelle.

b) Die Geraden x = 2 und x = –2 sind jeweils Asymptote und der Graph von f ist achsensymmetrisch zur y-Achse.

c) Die Funktion hat an der Stelle x = 0,5 eine behebbare Definitionslücke und ist sonst überall definiert.

3. Verhalten im Unendlichen, horizontale Asymptote, schräge Asymptote

Gegeben ist die gebrochenrationale Funktion
$f: x \mapsto \frac{u(x)}{v(x)}$ mit $x \in \mathbb{D}_f$.

Der Grad des Zählerpolynoms u (x) sei m, der Grad des Nennerpolynoms v (x) sei n.

Man erhält für $|x| \to \infty$ die Asymptote nach folgender Übersicht:

	Art der Asymptote	**Hinweis für die Bestimmung**
$n > m$	x-Achse	
$n = m$	Parallele zur x-Achse	Kürzen mit x^n, dann $\lvert x \rvert \to \infty$
$m = n + 1$	schräge Asymptote	Polynomdivision

Beispiele:

1. Bestimmen Sie das Verhalten von

   $f: x \mapsto \frac{1}{x^2-1}$; $x \in \mathbb{R} \setminus \{1; -1\}$ für $x \to \infty$ und $x \to -\infty$!

   Lösung:

   $$\lim_{x \to \infty} \frac{1}{x^2-1} = 0; \quad \lim_{x \to -\infty} \frac{1}{x^2-1} = 0$$

   Für $|x| \to \infty$ nähert sich der Graph von f beliebig nahe der x-Achse. Die x-Achse ist Asymptote des Graphen von f.

2. Bestimmen Sie das Verhalten von

   $f: x \mapsto \frac{x^2-4}{x^2+4x}$; $x \in \mathbb{R} \setminus \{0; -4\}$ für $|x| \to \infty$!

Lösung:
Wir klammern im Zähler und Nenner jeweils die höchste Potenz von x aus und kürzen danach:

$$\lim_{|x|\to\infty} \frac{x^2-4}{x^2+4x} = \lim_{|x|\to\infty} \frac{x^2\left(1-\frac{4}{x^2}\right)}{x^2\left(1+\frac{4}{x}\right)} = \lim_{|x|\to\infty} \frac{1-\frac{4}{x^2}}{1+\frac{4}{x}} = 1$$

Der Graph von f nähert sich für $|x|\to\infty$ immer mehr der Geraden y = 1. Die Gerade y = 1 ist horizontale Asymptote des Graphen von f.

3. Die Abbildung zeigt den Graphen der Funktion
$f\colon x \mapsto \frac{1}{2}\cdot\frac{(x+1)^2}{x-2}$; $x \in \mathbb{R}\setminus\{2\}$.

a) Ermitteln Sie die Gleichung der schrägen Asymptote des Graphen G_f für $|x|\to\infty$!

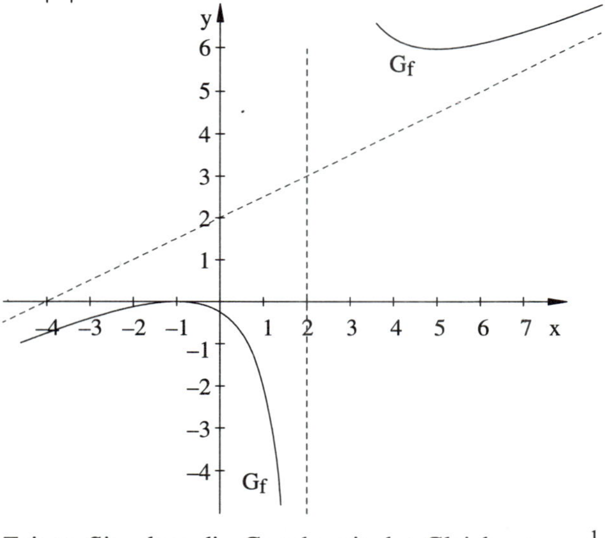

b) Zeigen Sie, dass die Gerade mit der Gleichung $y = \frac{1}{2}x + 2$ schräge Asymptote des Graphen von f ist!

Lösung:

a) Wir bestimmen die Gleichung der schrägen Asymptote durch Polynomdivision:

$$f(x) = \frac{1}{2} \cdot \frac{(x+1)^2}{(x-2)} = \frac{x^2+2x+1}{2x-4}$$

$$\begin{array}{l} (x^2+2x+1):(2x-4) = \frac{1}{2}x + 2 + \frac{9}{2x-4} \\ \underline{-(x^2-2x)} \\ \qquad 4x+1 \\ \qquad \underline{-(4x-8)} \\ \qquad\quad 9 \end{array}$$

Für $|x| \to \infty$ nähert sich G_f der Geraden g mit der Gleichung $y = \frac{1}{2}x + 2$. Die Gerade g ist schräge Asymptote von G_f.

b)
$$\begin{aligned} \lim_{|x|\to\infty} \left[(f(x) - \left(\tfrac{1}{2}x + 2\right)\right] &= \lim_{|x|\to\infty} \left[\frac{1}{2} \cdot \frac{(x+1)^2}{x-2} - \frac{1}{2}x - 2\right] \\ &= \lim_{|x|\to\infty} \left[\frac{(x+1)^2}{2(x-2)} - \frac{x}{2} - 2\right] \\ &= \lim_{|x|\to\infty} \frac{(x+1)^2 - x(x-2) - 2 \cdot 2(x-2)}{2(x-2)} \\ &= \lim_{|x|\to\infty} \frac{x^2+2x+1-x^2+2x-4x+8}{2(x-2)} \\ &= \lim_{|x|\to\infty} \frac{9}{2(x-2)} = 0 \end{aligned}$$

Aufgaben

86. Untersuchen Sie das Verhalten von

$f: x \mapsto \frac{10-5x}{x^3}$; $x \in \mathbb{R} \setminus \{0\}$ für $x \to \infty$ und $x \to -\infty$!

87. Untersuchen Sie die Funktion f auf Polstellen, behebbare Definitionslücken und Asymptoten:

a) $f(x) = \frac{x+3}{x-4}$

b) $f(x) = \frac{x^2}{x-1}$

c) $f(x) = \frac{x^3+2x^2}{x^2-4}$

88. Bestimmen Sie durch Polynomdivision die Gleichung der schrägen Asymptote des Graphen von f:

a) $f(x) = \frac{x^3 - 2x^2 + 3}{(1-x)^2}$ b) $f(x) = \frac{x^4}{x(x+1)(x-3)}$

89. Bestimmen Sie zu den Graphen der folgenden Funktionen die Gleichungen aller Asymptoten:

a) $f(x) = \frac{3x - 6}{x^2 - 4}$ b) $f(x) = \frac{6x - 3}{3x + 6}$

c) $f(x) = \frac{3x^2 + 2x + 1}{2x + 1}$ d) $f(x) = x - 1 + \frac{1}{x^2 - 4}$

e) $f(x) = \frac{x^2 + 1}{x}$ f) $f(x) = \frac{2x^2 - 2x + 1}{x^2 - 2x}$

90. Bestimmen Sie zu den Graphen der folgenden Funktionen die Gleichungen aller Asymptoten und untersuchen Sie, ob es Schnittpunkte des Funktionsgraphen mit der schrägen bzw. waagrechten Asymptoten gibt:

a) $f(x) = x + 1 + \frac{2x}{x^2 - 2}$ b) $f(x) = \frac{3x^2 - 8x}{(x-2)^2}$

91. Ordnen Sie zu!

$f_1(x) = \frac{x+2}{(x-1)^2}$; $f_2(x) = \frac{x+1}{x-2}$; $f_3(x) = \frac{x^3 - 2x^2 - x + 2}{x - 2}$; $f_4(x) = \frac{x^2 + 3}{x + 1}$

a)

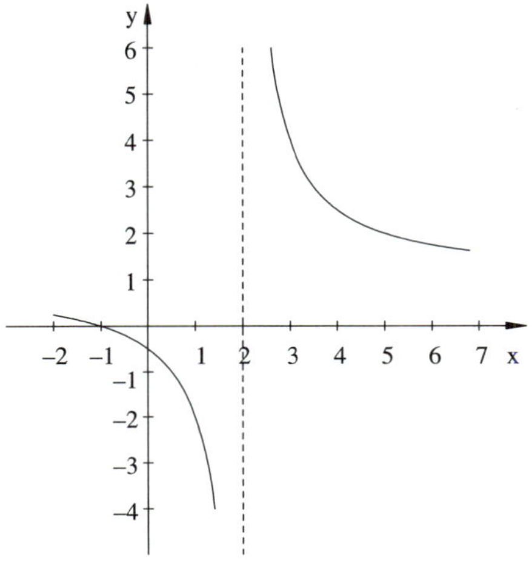

b)

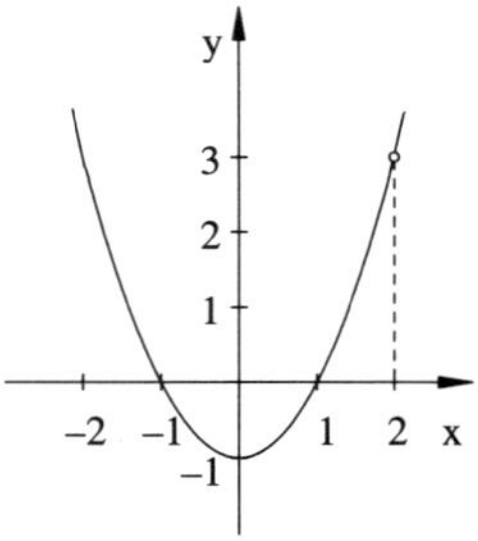

c)

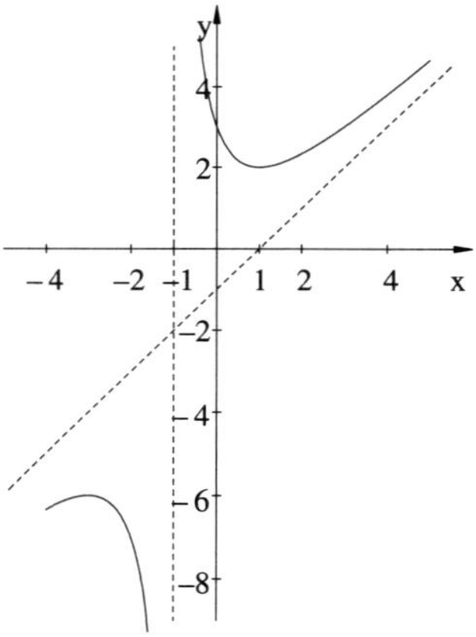

d)

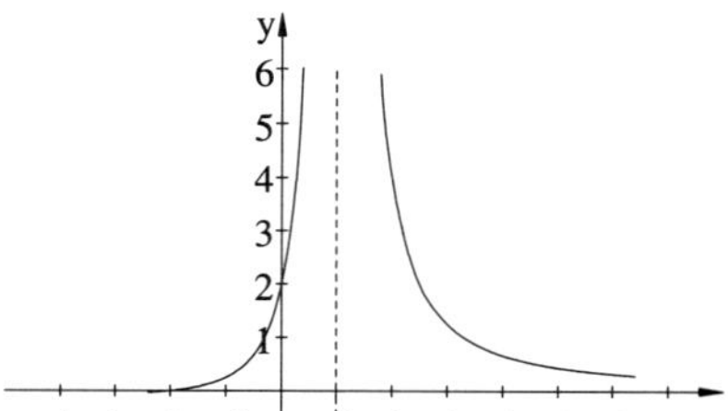

92. Die Abbildung zeigt den Graphen der Funktion

$f\colon x \mapsto \frac{3}{x\,(x-2)^2}$; $x \in \mathbb{R} \setminus \{0; 2\}$

Benutzen Sie diese Abbildung und skizzieren Sie den Graphen der Funktion

$g\colon x \mapsto \frac{3}{x\,(x-2)}$ mit $x \in \mathbb{R} \setminus \{0; 2\}$!

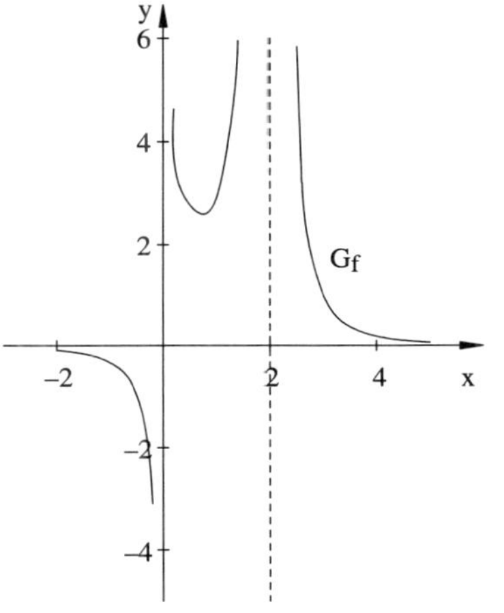

4. Kurvendiskussion

Bei der Diskussion gebrochenrationaler Funktionen kommt zu den üblichen Diskussionspunkten (siehe Seite 40) die Untersuchung des asymptotischen Verhaltens hinzu.
Wir zeigen dies an einem Musterbeispiel.

Beispiel:

Untersuchen Sie den Graphen der Funktion

$f\colon x \mapsto \frac{x^3}{x^2-1}$ mit maximaler Definitionsmenge D_f

auf Symmetrie, Schnittpunkte mit den Koordinatenachsen, Verhalten in der Nähe der Pole, Asymptoten (Verhalten für $|x| \to \infty$) sowie lokale Extrem- und Wendepunkte!
Zeichnen Sie den Graphen G_f in ein rechtwinkliges Koordinatensystem, tragen Sie darin auch die Asymptoten ein!

Lösung:

maximale Definitionsmenge: $D_f = \mathbb{R} \setminus \{1; -1\}$

Symmetrie:

$$f(-x) = \frac{(-x)^3}{(-x)^2-1} = -\frac{x^3}{x^2-1} = -f(x)$$

G_f ist punktsymmetrisch zum Koordinatenursprung.

Schnittpunkte mit den Koordinatenachsen:
$f(x) = 0 \Leftrightarrow x^3 = 0 \Leftrightarrow x = 0$
G_f geht durch den Koordinatenursprung $(0|0)$.

Verhalten in der Nähe der Pole:

$$f(x) = \frac{x^3}{x^2-1} = \frac{x^3}{(x-1)(x+1)}$$

An den Stellen $x = 1$ und $x = -1$ liegt jeweils ein Pol 1. Ordnung mit Vorzeichenwechsel vor. Die Geraden $x = 1$ und $x = -1$ sind vertikale Asymptoten von G_f. Das Verhalten des Graphen von f in der Umgebung der Definitionslücken ergibt sich aus Grenzwertbetrachtung:

$$\lim_{x \to -1-} f(x) = \lim_{x \to -1-} \frac{x^3}{(x-1)(x+1)} = -\infty$$

$$\lim_{x \to -1+} f(x) = \lim_{x \to -1+} \frac{x^3}{(x-1)(x+1)} = +\infty$$

Aus Symmetriegründen folgt dann:

$$\lim_{x \to 1-} f(x) = -\infty; \quad \lim_{x \to 1+} f(x) = +\infty$$

Asymptoten, Verhalten für $|x| \to \infty$:

Wir wissen bereits, dass $x = -1$ und $x = 1$ senkrechte Asymptoten von G_f sind.

Wir stellen fest, dass der Grad des Zählerpolynoms um 1 größer ist als der Grad des Nennerpolynoms.

Der Graph von f hat damit eine schräge Asymptote. Wir finden diese durch Polynomdivision:

$$\begin{array}{l} x^3 : (x^2 - 1) = x + \frac{x}{x^2-1} \\ \underline{-(x^3 - x)} \\ \quad\quad x \end{array}$$

Die Gerade $y = x$ ist schräge Asymptote von G_f.

lokale Extrempunkte:

Notwendige Bedingung: $f'(x) = 0$

Die Quotientenregel

$$f(x) = \frac{u(x)}{v(x)} \Rightarrow f'(x) = \frac{u' \cdot v - u \cdot v'}{v^2}$$

liefert

$$f'(x) = \frac{3x^2(x^2-1) - x^3 \cdot 2x}{(x^2-1)^2} = \frac{3x^4 - 3x^2 - 2x^4}{(x^2-1)^2} = \frac{x^4 - 3x^2}{(x^2-1)^2}$$

$$\begin{aligned} f'(x) = 0 \quad &\Leftrightarrow \quad x^4 - 3x^2 = 0 \\ &\Leftrightarrow \quad x^2(x^2 - 3) = 0 \Leftrightarrow x = 0 \vee x = \sqrt{3} \vee x = -\sqrt{3} \end{aligned}$$

Hinreichende Bedingung:
$f'(x) = 0 \wedge f''(x) < 0 \Rightarrow$ Hochpunkt
$f'(x) = 0 \wedge f''(x) > 0 \Rightarrow$ Tiefpunkt

$$f''(x) = \frac{(4x^3-6x)(x^2-1)^2-(x^4-3x^2)\,2\,(x^2-1)\cdot 2x}{(x^2-1)^4}$$

$$= \frac{(4x^3-6x)(x^2-1)-4x\,(x^4-3x^2)}{(x^2-1)^3} = \frac{2x^3+6x}{(x^2-1)^3}$$

$f''(-\sqrt{3}) < 0$, also Hochpunkt H $\left(-\sqrt{3}\,\middle|\,-\frac{3}{2}\sqrt{3}\right)$

$f''(\sqrt{3}) > 0$, also Tiefpunkt T $\left(\sqrt{3}\,\middle|\,\frac{3}{2}\sqrt{3}\right)$

$f''(0) = 0 \Rightarrow$ Sattelpunkt S $(0|0)$

> **oder:**
> Vorzeichenwechsel von f' an der Stelle x

$$f'(x) = \frac{x^2\,(x^2-3)}{(x^2-1)^2}$$

Das Vorzeichen von f' hängt nur vom Term (x^2-3) ab.

Es gilt:
$x^2-3>0 \Leftrightarrow x^2>3 \Leftrightarrow -\infty<x<-\sqrt{3} \vee \sqrt{3}<x<\infty$
$x^2-3<0 \Leftrightarrow x^2<3 \Leftrightarrow x \in\,]-\sqrt{3}\,;\,\sqrt{3}\,[\,\backslash\{-1;1\}$

Übersichtlich dargestellt:

		$-\sqrt{3}$		-1		0		1		$\sqrt{3}$	
Vorzeichen von f '	+		–			–			–		+
				Pol				Pol			

f' wechselt an der Stelle $x = -\sqrt{3}$ das Vorzeichen von + nach –, d. h. G_f hat an der Stelle $x = -\sqrt{3}$ einen Hochpunkt.

f' wechselt an der Stelle $x = \sqrt{3}$ das Vorzeichen von – nach +, d. h. G_f hat an der Stelle $x = \sqrt{3}$ einen Tiefpunkt.

An der Stelle x = 0 wechselt f' das Vorzeichen nicht.
An der Stelle x = 0 hat G_f einen Sattelpunkt.

Wendepunkte:

> *Notwendige Bedingung: $f''(x) = 0$*

$$f''(x) = 0 \Leftrightarrow \quad 2x^3 + 6x = 0$$
$$\Leftrightarrow 2x(x^2 + 3) = 0 \Leftrightarrow x = 0$$

Hinreichende Bedingung: f''(x) wechselt an der Stelle x das Vorzeichen.

$$\left.\begin{array}{ll} f''(x) < 0 & \text{für } -1 < x < 0 \\ f''(x) > 0 & \text{für } \quad 0 < x < 1 \end{array}\right\} \Rightarrow \text{Wendepunkt in } (0|0)$$

Graph:

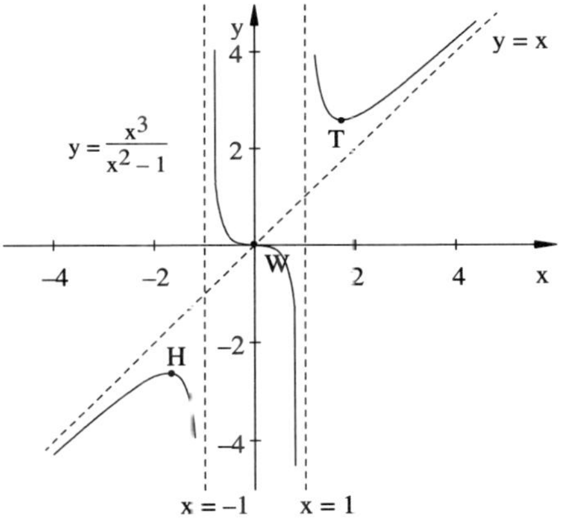

Aufgaben

93. Die Abbildung zeigt den Graphen der Funktion f mit

$f(x) = \frac{(x-2)^2}{2x}$ und $x \in D_f$.

D_f bedeutet maximale Definitionsmenge.

a) Ermitteln Sie die Gleichungen aller Asymptoten von G_f!

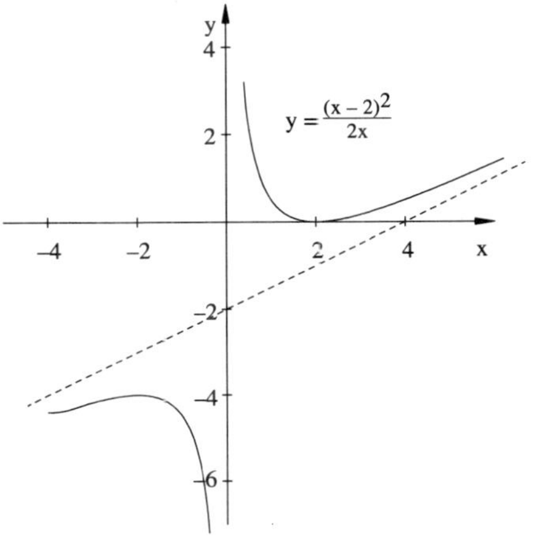

b) Stellen Sie mithilfe der 1. Ableitung $f'(x)=\frac{x^2-4}{2x^2}$ fest, in welchen Teilbereichen von $D_f = \mathbb{R}\setminus\{0\}$ die Funktion streng monoton zunimmt bzw. streng monoton abnimmt!

94. Es gilt der analoge Aufgabentext wie in Aufgabe 93. D_f bedeutet maximale Definitionsmenge.

a) $f(x)=\frac{1}{3}\cdot\frac{x^3}{(x-2)^2}$; $x \in D_f$

$f'(x)=\frac{x^2(x-6)}{3(x-2)^3}$

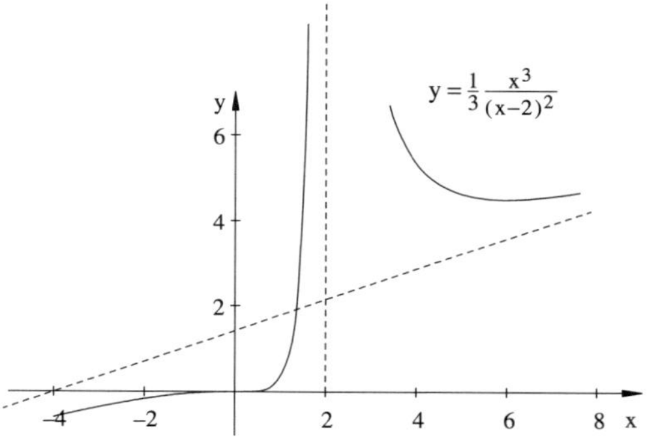

b) $f(x)=\frac{6}{x}-\frac{3}{x^2}$; $x \in D_f$

$f'(x)=\frac{6x(1-x)}{x^4}$

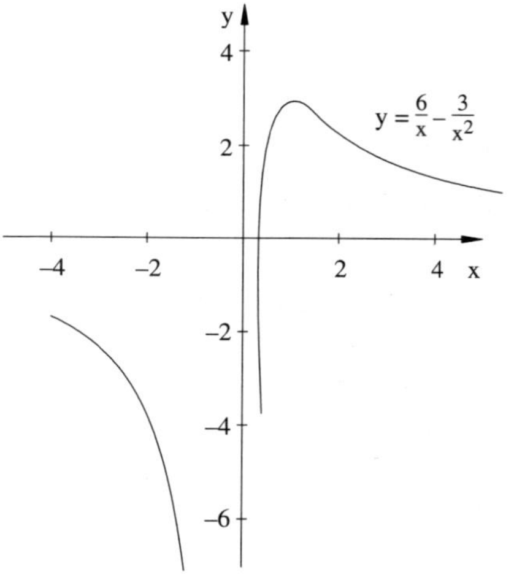

95. Untersuchen Sie den Graphen der Funktion f auf Symmetrie, Schnittpunkte mit den Koordinatenachsen, Verhalten in der Nähe der Pole, Asymptoten (Verhalten für $|x| \to \infty$) sowie lokale Extrem- und Wendepunkte!
Zeichnen Sie den Graphen in ein rechtwinkliges Koordinatensystem, tragen Sie darin auch die Asymptoten ein und bezeichnen Sie diese!
D_f bedeutet maximale Definitionsmenge.

a) $f: x \mapsto \frac{x^2-1}{x}$; $x \in D_f$

b) $f: x \mapsto \frac{2-x}{x-4}$; $x \in D_f$

c) $f: x \mapsto \frac{1-x^2}{x^2}$; $x \in D_f$

d) $f: x \mapsto \frac{4x}{x^2+4}$; $x \in D_f$

e) $f: x \mapsto \frac{4}{x^2+1}$; $x \in D_f$

f) $f: x \mapsto \frac{-4x}{x^2-4}$; $x \in D_f$

96. Führen Sie für die Funktionen jeweils eine Kurvendiskussion durch (maximale Definitionsmenge, Nullstellen, Pole, Verhalten für $|x| \to \infty$, lokale Extrempunkte, Wendepunkte, graphische Darstellung):

a) $f(x) = \frac{x^2-6x+5}{3x}$

b) $f(x) = \frac{x^2-3x+2}{x^2+3x+2}$; *Hinweis:* Wendestelle bei $x \approx 2{,}8$

c) $f(x) = \frac{1}{3}\frac{x^2-6x}{x+2}$

97. Ordnen Sie die Terme den zugehörigen Graphen zu!

a) $f(x) = \frac{8x}{x^2+2}$

b) $f(x) = \frac{x+2}{x-2}$

c) $f(x) = \frac{1}{2} \cdot \frac{(x+1)^2}{x-2}$

d) $f(x) = \frac{x-2}{x}$

(1)

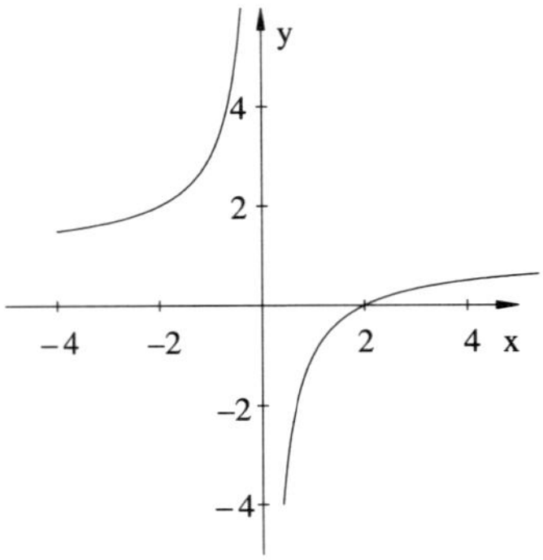

(2)

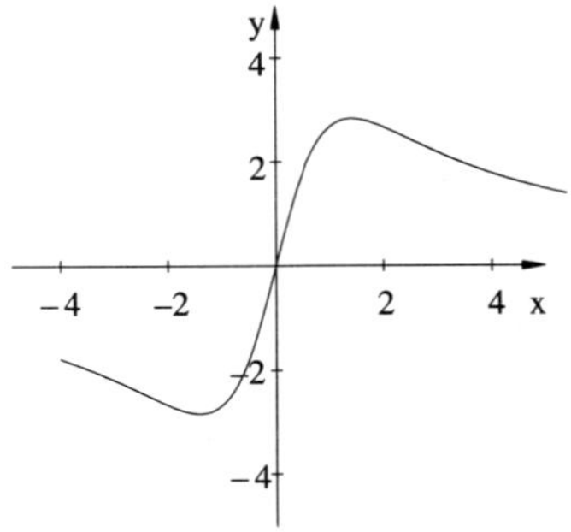

(3)

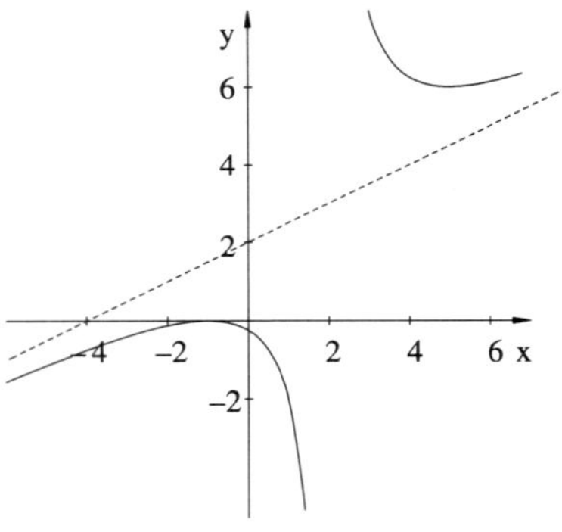

(4)

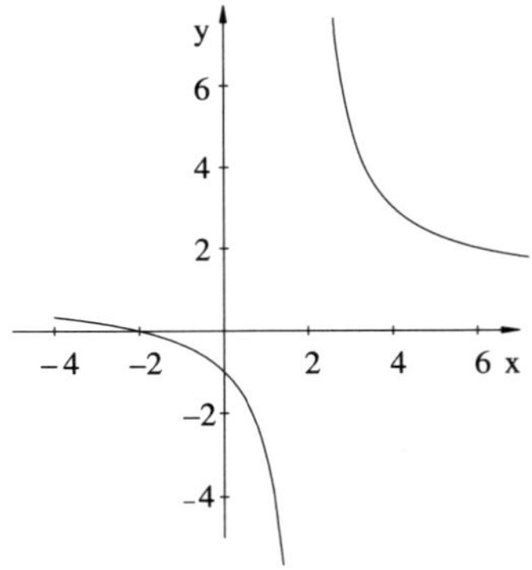

98. Der Graph der Funktion f mit $f(x) = \frac{x^2 - 5x + 4}{x + 2}$ und $x \in D_f$ hat keine Wendepunkte.
Aufgrund dieser Eigenschaft und mithilfe der Lösungen der folgenden Teilaufgaben ist der grobe Verlauf des Graphen von f zu skizzieren.

a) Geben Sie die maximale Definitionsmenge D_f an und untersuchen Sie das Verhalten von f in der Umgebung der Stelle $x = -2$!

b) Untersuchen Sie f auf Nullstellen!

c) Wo schneidet G_f die y-Achse?

d) Geben Sie die Gleichungen aller Asymptoten von G_f an!

99. Die Abbildungen zeigen jeweils den qualitativen Verlauf des Graphen der Funktion f mit y = f (x). Ermitteln Sie die genaue Lage der Extrempunkte!

a)

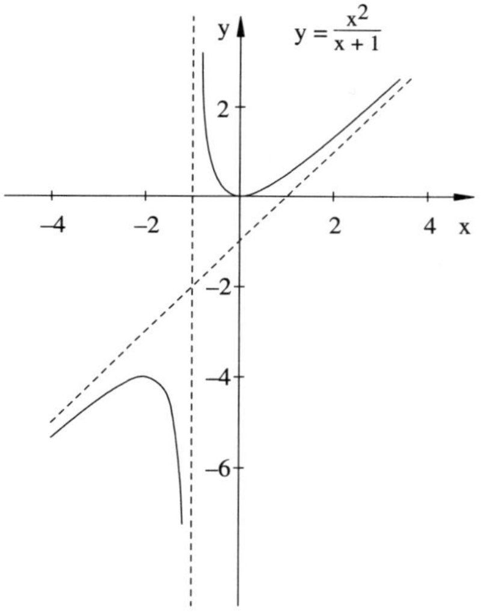

b)

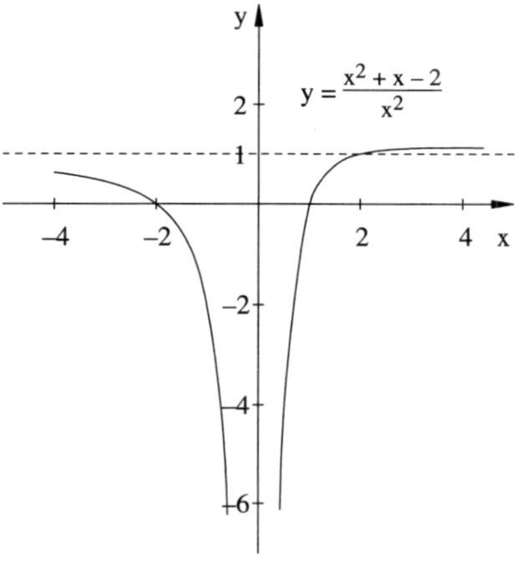

5. Integration und Flächenberechnung

Bei der Integration gebrochenrationaler Funktionen kommt man im Wesentlichen mit drei Integralformeln aus:

1. $\int_a^b x^n \, dx = \left[\frac{x^{n+1}}{n+1}\right]_a^b$; $n \in \mathbb{Z} \setminus \{-1\}$
2. $\int_a^b \frac{1}{x} \, dx = [\ln|x|]_a^b$, falls das Integrationsintervall [a; b] den Nullpunkt nicht enthält
3. $\int_a^b \frac{f'(x)}{f(x)} \, dx = [\ln|f(x)|]_a^b$, falls das Integrationsintervall [a; b] keine Nullstelle der Funktion f enthält.

Beispiele:

1. Berechnen Sie auf 2 Dezimalen genau:

$$\int_{-2}^{-1} \frac{x^2+4x+4}{2x} \, dx$$

Lösung:

$$\int_{-2}^{-1} \frac{x^2+4x+4}{2x} \, dx = \frac{1}{2} \int_{-2}^{-1} \frac{x^2+4x+4}{x} \, dx = \frac{1}{2} \int_{-2}^{-1} \left(x+4+\frac{4}{x}\right) dx$$

$$= \frac{1}{2}\left[\frac{x^2}{2}+4x+4\ln|x|\right]_{-2}^{-1}$$

$$= \frac{1}{2}\left[\frac{1}{2}-4+4\ln|-1|-\left(\frac{4}{2}-8+4\ln|-2|\right)\right]$$

$$= \frac{1}{2}[-3{,}5+6-4\ln 2] = \frac{1}{2}(2{,}5-4\ln 2) \approx -0{,}14$$

2. Berechnen Sie den Inhalt der Fläche unter dem Graphen von f mit

$$f(x) = \frac{4x}{x^2+4}$$

über dem Intervall [–3; 3] auf 1 Dezimale genau!

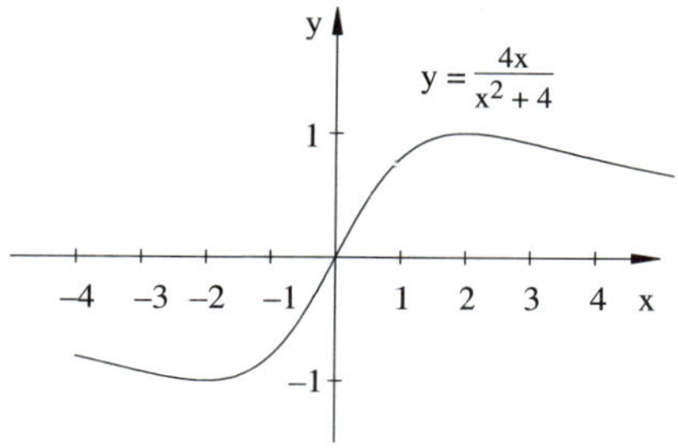

Lösung:

Aus Symmetriegründen gilt:

$$A = 2\int_0^3 \frac{4x}{x^2+4}\,dx$$

Wir klammern den Faktor 2 vor das Integralzeichen

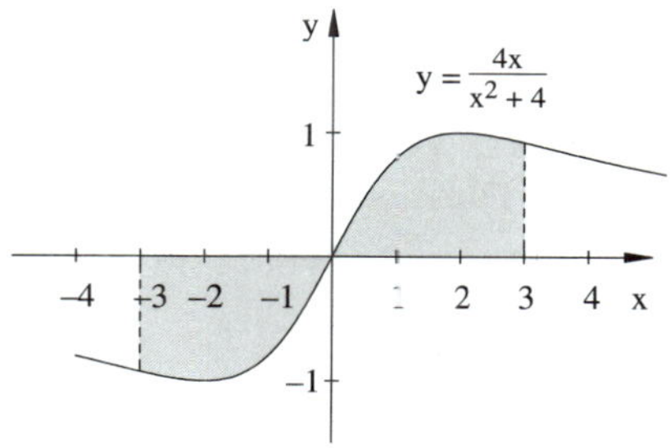

$$= 2\cdot 2\int_0^3 \frac{2x}{x^2+4}\,dx$$

$$= 4\int_0^3 \frac{2x}{x^2+4}\,dx$$

Der Zähler ist die Ableitung des Nenners. Und da der Nenner nullstellenfrei ist, können wir logarithmisch integrieren.

$$= 4\left[\ln|x^2+4|\right]_0^3$$

$$= 4(\ln 13 - \ln 4) = 4\ln\frac{13}{4} \approx 4{,}7 \text{ [FE]}$$

Aufgaben

100. Berechnen Sie:

a) $\displaystyle\int_2^4 \frac{x-2}{x}\,dx$

b) $\displaystyle\int_{-1}^2 \frac{8x}{x^2+2}\,dx$

c) $\displaystyle\frac{1}{2}\int_{-4}^0 \left(x+4+\frac{9}{x-2}\right)dx$

d) $\displaystyle\int_0^2 \left(\frac{2}{x-3}+\frac{3}{2x+4}\right)dx$

101. Berechnen Sie:

a) $\int_1^2 \frac{-3}{2x+0{,}5}\,dx$

b) $\int_0^2 \frac{(x+2)^2}{4(x+1)}\,dx$

c) $\int_{-2}^0 \left(x - \frac{2x-4}{1-x}\right) dx$

102. Die Abbildung zeigt den qualitativen Verlauf des Graphen G_f der Funktion $f: x \mapsto \frac{4x}{x^2+4}$ mit $x \in \mathbb{R}$.

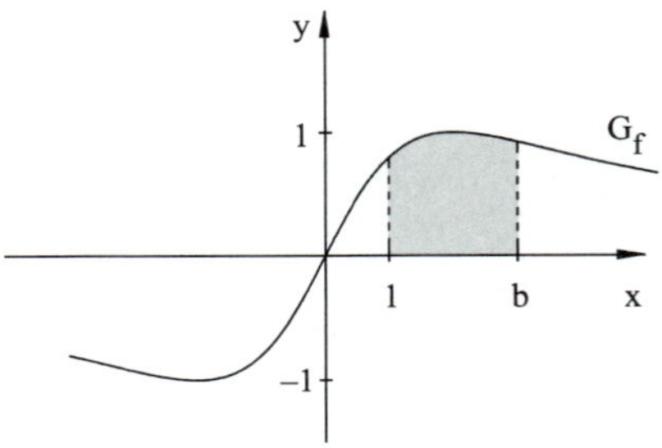

a) Zeigen Sie, dass $g: x \mapsto 2\ln(x^2+4);\ x \in \mathbb{R}$ eine Stammfunktion von f ist!

b) Berechnen Sie b so, dass A den Wert $4 \cdot \ln 2$ hat!

103. Gegeben sind die in $\mathbb{R}\setminus\{0\}$ definierten Funktionen $f: x \mapsto \frac{10-5x}{x^3}$ und $g: x \mapsto \frac{20}{x} - 15$. Ihre Graphen heißen G_f bzw. G_g.

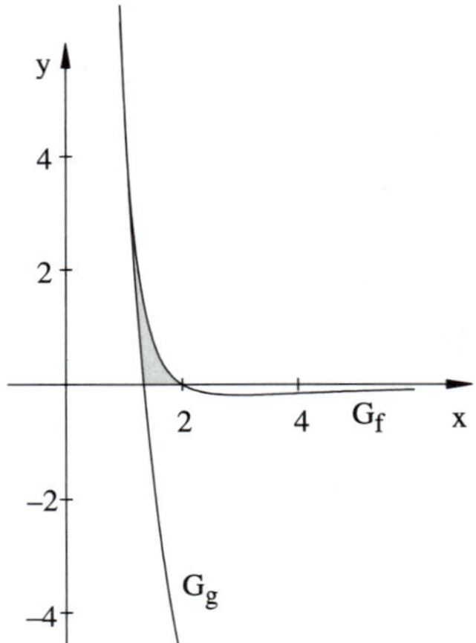

a) Zeigen Sie, dass G_f die Kurve G_g bei $x = 1$ berührt!

b) Die Abbildung zeigt die Graphen G_f und G_g für $x \geq 1$. Berechnen Sie den Inhalt des getönten Flächenstücks auf 1 Dezimale genau!

104. Die Abbildung zeigt den Graphen von

$f: x \mapsto \frac{x^2}{x+1}$ mit $x \in \mathbb{R} \setminus \{-1\}$.

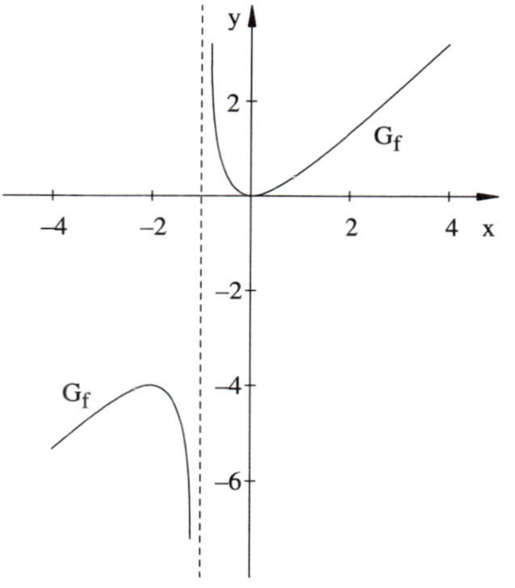

a) Ermitteln Sie alle Asymptoten des Graphen von f!

Betrachten Sie nun die Funktion

$g: x \mapsto \frac{x^2-4}{x+1}$ mit $x \in \mathbb{R} \setminus \{-1\}$.

b) Untersuchen Sie das Monotonieverhalten von g!

c) Zeigen Sie, dass die Gerade $y = x - 1$ Asymptote des Graphen von g für $|x| \to \infty$ ist!

d) Skizzieren Sie G_g in das Koordinatensystem der Abbildung!

e) Die Graphen G_f, G_g, die y-Achse und die Gerade $x = 2$ schließen ein Flächenstück ein. Berechnen Sie die Flächenmaßzahl dieser Fläche!

105. Gegeben ist die Funktion

$f: x \mapsto \frac{2x^3+2}{x^2}$ mit $x \in \mathbb{R}^+$.

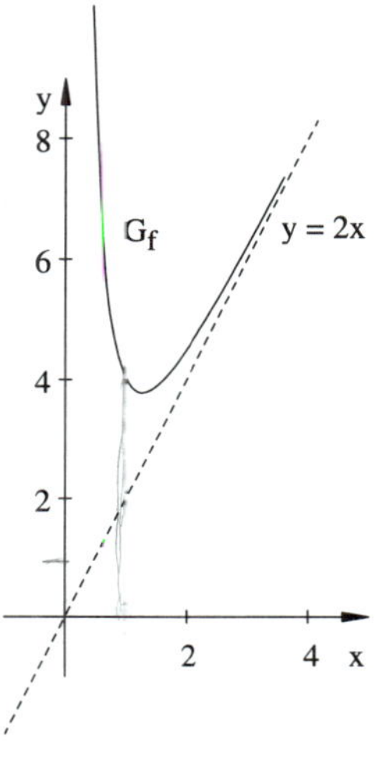

a) Weisen Sie nach, dass die Gerade $y = 2x$ schräge Asymptote des Graphen von f für $|x| \to \infty$ ist!

b) Der Graph G_f, die Gerade $y = 2x$ und die Geraden $x = 1$ und $x = u$ $(u > 0)$ begrenzen ein Flächenstück.

(1) Berechnen Sie seinen Inhalt $A(u)$!

(2) Deuten Sie die Gleichung

$\left| 2 - \frac{2}{u} \right| = 1$

geometrisch und bestimmen Sie ihre Lösungsmenge in der Grundmenge $\mathbb{R}^+$!

(3) Untersuchen Sie das Verhalten von $A(u)$ für $u \to +\infty$ und $u \to 0$!

106. Die Graphen der Funktionen

$f: x \mapsto 1 - \frac{2}{x} + \frac{1}{x^2}$ mit $x \in \mathbb{R}^+$ und

$g: x \mapsto \frac{4}{x^2}$ mit $x \in \mathbb{R}^+$

schließen mit der Geraden x = 1 ein Flächenstück ein. Berechnen Sie den Inhalt dieses Flächenstücks!

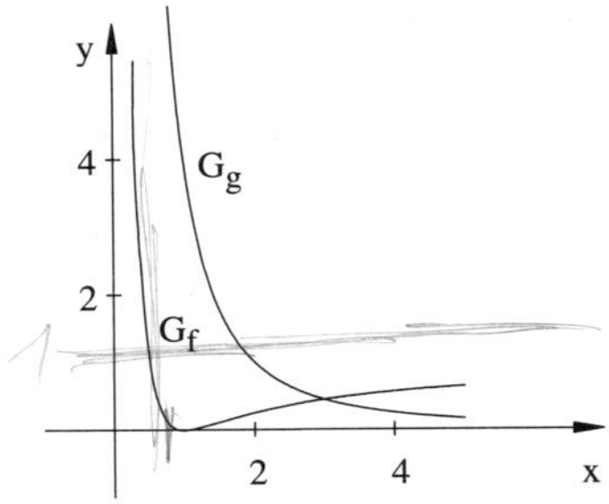

107. Die Abbildung zeigt den Graphen G_f der Funktion

$f: x \mapsto \frac{1}{x} - \frac{1}{x-2}$ mit $x \in \mathbb{R}^+ \setminus \{2]$.

a) Zeigen Sie, dass $F: x \mapsto \ln\left|\frac{x}{x-2}\right|$ mit $x \in \mathbb{R}^+ \setminus \{2\}$ eine Stammfunktion von f ist! Fallunterscheidung!

b) Berechnen Sie die Flächenmaßzahl A der Figur, die von G_f, den Geraden x = 2,5 und x = b (b > 2,5) sowie der x-Achse eingeschlossen wird, in Abhängigkeit von b!

c) Kann die Flächenmaßzahl A für $b \to \infty$ unendlich groß werden?

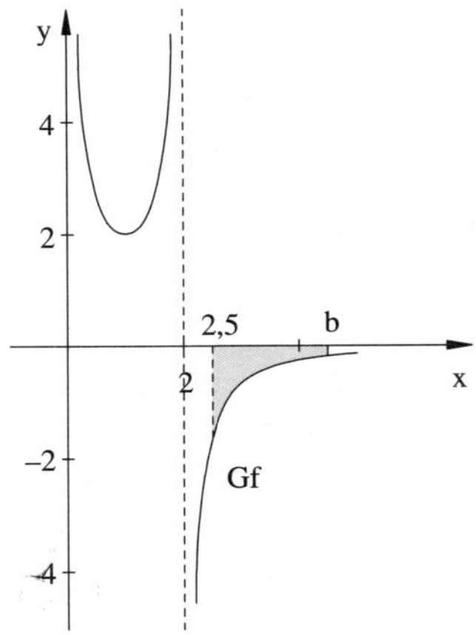

108. Gegeben ist die Funktion f mit $f(x) = \frac{x^2}{x+1}$ und $x \in \mathbb{R} \setminus \{-1\}$ und Graphen G_f (siehe Aufgabe 99 a).

a) Der Graph von f hat für $|x| \to \infty$ eine schräge Asymptote. Ermitteln Sie ihre Gleichung durch Polynomdivision!

b) Der Graph von f schließt mit der y-Achse und der Tangente an G_f im Punkt P (– 0,5 | 0,5) eine Fläche vollständig ein. Berechnen Sie die Flächenmaßzahl dieser Fläche!

6. Vermischte Aufgaben

Funktionsgleichung bestimmen

109. Berechnen Sie die Parameterwerte a und b so, dass der Graph der Funktion f mit $f(x) = \frac{a}{x+b}$ durch die Punkte A (2 | 1) und B (−4 | −2) geht!

110. Berechnen Sie die Parameterwerte a, b, c so, dass der Graph der Funktion f mit $f(x) = \frac{ax+1}{bx+c}$ durch den Punkt A (0 | 1) geht und die Geraden mit den Gleichungen y = 2 und x = 0,5 als Asymptoten hat!

111. Bestimmen Sie die Parameterwerte a und b so, dass der Graph der Funktion f mit $f(x) = \frac{x^3+b}{ax}$ den lokalen Extrempunkt (2 | 2) hat!

Funktionenschar

112. Gegeben ist die Funktionenschar

$$f_a : x \mapsto \frac{x^3+a}{(x+1)^2}$$

mit $x \in \mathbb{R}\setminus\{-1\}$ und $a \in \mathbb{R}\setminus\{1\}$

Die Abbildung zeigt einen Kurvenast des Graphen der Funktion f_2.

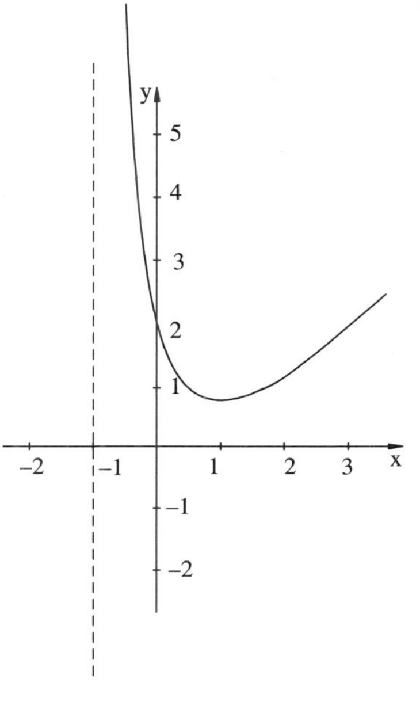

a) Zeigen Sie, dass die Gerade y = x − 2 gemeinsame Asymptote aller Funktionsgraphen ist!

b) Übertragen Sie die Abbildung auf Ihr Blatt und skizzieren Sie in dasselbe Koordinatensystem den Graphen der Funktion

$$g: x \mapsto \frac{x^3}{(x+1)^2} \text{ mit } x \in \mathbb{R}\setminus\{-1\}!$$

Diskutieren Sie dazu die Funktion g (Nullstellen, Asymptoten, lokale Extrempunkte) und zeigen Sie, dass für $x \geq 0$ gilt:

$f_2(x) > g(x)$!

c) Die Graphen der Funktionen f_2 und g schließen im I. Quadranten mit der Geraden $x = u\,(u > 0)$ eine Fläche ein. Berechnen Sie den Inhalt dieser Fläche! Kann die Maßzahl für $u \to \infty$ über alle Grenzen wachsen?

113. Gegeben ist die Funktionenschar

$$f_k : x \mapsto \frac{x^2 + 2kx}{(x-k)^2} \text{ mit } x \in \mathbb{R} \setminus \{k\} \text{ und } k \in \mathbb{R} \setminus \{0\}.$$

Bestimmen Sie k so, dass die Funktion f_k in der von 0 verschiedenen Nullstelle die Steigung $-\frac{2}{9}$ hat!

114. Für welche Werte von a und b besitzt die Funktion f_{ab} mit $f_{ab}(x) = \frac{x^2 + a}{x + b}$ bei $x = -5$ und $x = -1$ lokale Extrema?

Extremwertaufgaben

115. Die Abbildung zeigt den Graphen der Funktion f mit

$$f(x) = \frac{x^2 - 4}{x^2 + 1}.$$

Der Punkt C (0 | 1) ist die Spitze von gleichschenkligen Dreiecken, die symmetrisch zur y-Achse liegen und deren Ecken A und B auf dem Graphen von f liegen. Ermitteln Sie die Koordinaten der Punkte A und B des Dreiecks mit maximalem Flächeninhalt!

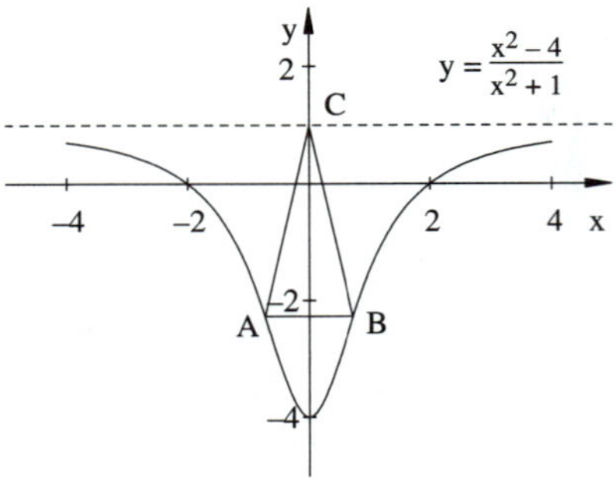

116. Welcher Punkt des Graphen der Funktion f mit $f(x) = \frac{4}{x}$ und $x > 0$ hat vom Koordinatenursprung minimalen Abstand?

Übungstests und Übungsklausuren

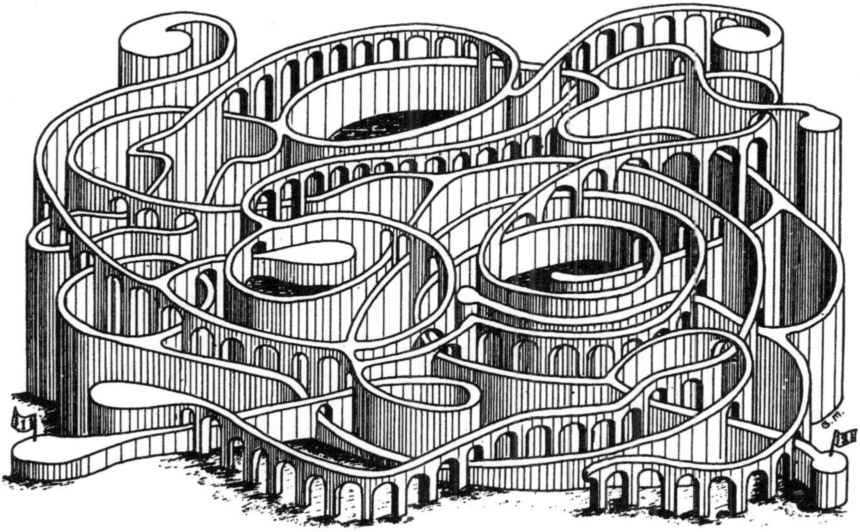

Die folgenden Aufgaben wurden als Tests oder Klausuren gestellt. An diesen Aufgaben können Sie selbst feststellen, wie weit Sie sich den Lehrstoff zu Eigen gemacht haben und wie tief Sie darin eingedrungen sind.
Vergleichen Sie Ihre Antworten erst dann mit der Lösung im Buch, wenn Sie Ihre Lösung schriftlich fixiert haben. Kennzeichnen Sie alles, was Ihnen schwerfällt. Sie wissen dann, wo Ihre Schwächen liegen und worauf Sie bei der Wiederholung besonders achten müssen.

1. Aufgaben zu Exponentialfunktionen

Test 1

1. Die Abbildung zeigt den Graphen der Funktion f mit $f(x) = a\,e^{k \cdot x}$. Bestimmen Sie die Werte für a und k!

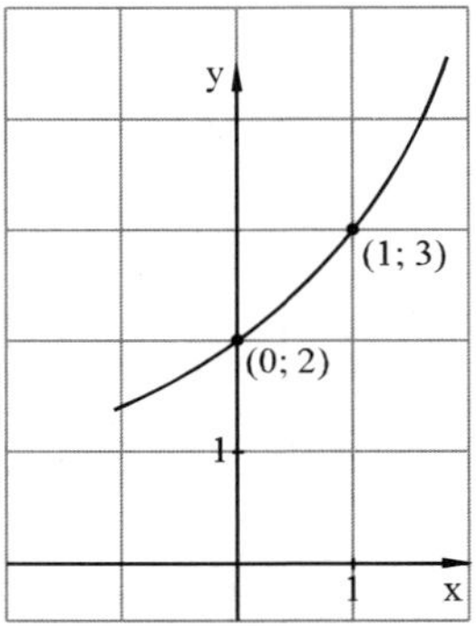

2. Berechnen Sie:

a) $e^{-3 \ln 0{,}4}$

b) $e^{\ln 4 - \ln 5}$

c) $\ln\left(\frac{\sqrt{e}}{e^2}\right)$

3. Bestimmen Sie die Lösungszahl:

a) $\frac{1}{2} \ln x = -1; \quad x \in \mathbb{R}^+$

b) $10^{2x} = 1000; \quad x \in \mathbb{R}$

c) $10e^{0{,}1x} = 40; \quad x \in \mathbb{R}$

d) $e^{1 - 0{,}5x^2} = 1; \quad x \in \mathbb{R}$

4. Stellen Sie eine Gleichung der Tangente an die Kurve $y = e^x - 2x$ im Schnittpunkt der Kurve mit der y-Achse auf! Wo schneidet die Tangente die x-Achse?

Test 2

1. Entscheiden Sie! Wahr (w) oder falsch (f)?

a) Der Graph der Funktion f mit $f(x) = 1 + e^x$ schneidet die y-Achse unter 45°.

b) Die Funktion f mit $f(x) = e^x - 1$ hat die Nullstellen 1 und –1.

c) Gegeben ist $f(x) = \frac{1}{2}e^{2x-1}$. Dann ist $f'(x) = e^{2x-1}$.

d) Gegeben ist $f(x) = \frac{1}{x-1} - \frac{1}{e^x - 2}$. Dann ist $f(0) = -0{,}5$.

2. Bilden Sie die erste Ableitung von $f(x) = x^2 \cdot e^{-0{,}5x}$!

3. Gegeben ist die Funktion f mit $f(x) = (e^x - 2)^2$ und $x \in \mathbb{R}$.

a) Ermitteln Sie die Nullstelle von f!

b) Zeigen Sie, dass $f'(x) < 0$ für $x < \ln 2$ und $f'(x) > 0$ für $x > \ln 2$ gilt!

4. Geben Sie von $f(x) = e^x(e^{-x} - 1)$ mit $x \in \mathbb{R}$ eine Stammfunktion an!

Klausur 1

1. Gegeben ist die in $\mathbb{R}$ definierte Funktion f mit $f(x) = 4(x + 1)e^{-2x}$ und Graph G_f.

a) Bestimmen Sie die Nullstelle von f!

b) Untersuchen Sie das Verhalten von f(x) für $x \to +\infty$ und $x \to -\infty$!

Hinweis: Sie dürfen ohne Beweis verwenden, dass gilt:

$$\lim_{x \to +\infty} x^n \cdot e^{-x} = 0 \text{ für alle } n \in \mathbb{N}$$

c) Bestimmen Sie Art und Lage des lokalen Extrempunktes von G_f!

d) Berechnen Sie f(–1,25), f(0), f(0,5), f(1) sowie f(2) und zeichnen Sie G_f aufgrund der bisherigen Ergebnisse! (Längeneinheit 2 cm)

Gegeben ist nun zusätzlich die in $\mathbb{R}$ definierte Funktion g mit $g(x) = -4x\, e^{-2x}$ und Graph G_g (siehe Abbildung).

e) Übertragen Sie den Graphen G_g in das von Ihnen unter d angelegte Koordinatensystem!

f) Zeigen Sie, dass für alle $x \in \mathbb{R}$ gilt: $g(x) = f(x) + f'(x)$.

g) Berechnen Sie den Inhalt der Fläche, die im Bereich $0 \le x \le 1$ von G_f und G_g begrenzt wird!

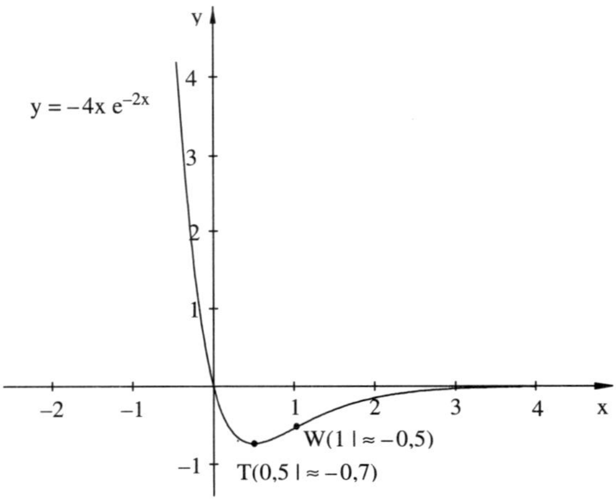

2. Ermitteln Sie die Schnittstelle der Graphen der Funktion f und g mit $f(x) = 4(x + 1)\, e^{-2x}$ bzw. $g(x) = -4x\, e^{-2x}$!

3. Berechnen Sie auf 2 Dezimalen genau:

a) $\frac{1}{2}(e^2 - e^{-2}) - \sqrt{e}$

b) $\int_0^1 \left(e^{-x} - \frac{x}{3}\right) dx$

c) $(e^{\ln\sqrt{e}}) : 3\sqrt{e} - e^{-\ln\frac{1}{2}}$

2. Aufgaben zur natürlichen Logarithmusfunktion

Test 3

1. Wenden Sie die logarithmischen Rechengesetze an und berechnen Sie:
$\frac{1}{4}\ln 16 - \ln 2 + \frac{1}{3}\ln 27 - \ln e^2 - \ln 3$

2. Die nebenstehende Abbildung zeigt den qualitativen Verlauf des Graphen der Funktion
$f:\ x \mapsto \ln\left(\frac{1}{x} - 2\right)$ mit $x \in D_f$.

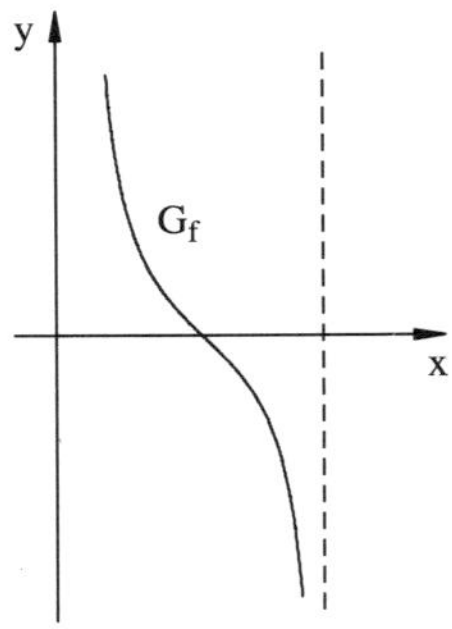

a) Ermitteln Sie die maximale Definitionsmenge D_f!

b) Bilden Sie $f'(x)$!

3. Ermitteln Sie die Nullstellen der Funktion f mit $f(x) = (\ln x)^2 - \ln x$ und $x \in \mathbb{R}^+$!

4. Stellen Sie eine Gleichung der Tangente an den Graphen von f mit $f(x) = 2 \ln x$ im Kurvenpunkt $P(1 \mid 0)$ auf!

Klausur 2

1. Gegeben ist die Funktion f mit $f(x) = 2 + \ln(x + 1)$ und Graph G_f.

a) Geben Sie die maximale Definitionsmenge D_f von f an!

b) Untersuchen Sie das Monotonieverhalten von f!

c) Wo schneidet G_f die Koordinatenachsen?

d) Skizzieren Sie G_f aufgrund der bisherigen Ergebnisse!

e) Zeigen Sie, dass $F\colon x \mapsto F(x) = -1 + x + (1 + x)\ln(x + 1)$ mit $x \in D_f$ eine Stammfunktion von f ist!

f) Der Graph G_f schließt mit den Koordinatenachsen ein Flächenstück vollständig ein.
Berechnen Sie dessen Flächenmaßzahl auf zwei Dezimalen genau!

2. Berechnen Sie:

$$\int_2^7 \frac{x}{x^2+5}\,dx$$

3. Gegeben ist die natürliche Logarithmusfunktion $f\colon x \mapsto \ln x$ mit $x \in \mathbb{R}^+$.

a) Ermitteln Sie eine Gleichung der Tangente an den Graphen von f im Kurvenpunkt P(1 | 0)!

b) Zeigen Sie, dass die Funktion $g\colon x \mapsto 1 - \frac{\ln x}{x} - \frac{1}{x}$ mit $x \in \mathbb{R}^+$ genau eine Nullstelle hat!

3. Aufgaben zu gebrochenrationalen Funktionen

Test 4

1. Bestimmen Sie die Definitionsmenge von

a) $f(x)=\frac{4x-1}{x^2}$,

b) $f(x)=\frac{2x}{x(x-1)^2}$!

2. Bestimmen Sie sämtliche Asymptoten des Graphen der Funktion f mit $f(x)=1+\frac{2}{x-2}$ und $x \in \mathbb{R} \setminus \{2\}$!

3. Skizzieren Sie die Graphen folgender Funktionen:

a) $f\colon x \mapsto \frac{1}{x^2};\ x \in \mathbb{R} \setminus \{0\}$

b) $f\colon x \mapsto -\frac{1}{(x-5)^2};\ x \in \mathbb{R} \setminus \{5\}$

4. Wählen Sie unter den angegebenen Funktionsgleichungen aus und ordnen Sie Graph und Funktionsgleichung einander zu:

a) $f(x)=\frac{3}{(x+2)(x-2)}$

$f(x)=\frac{x}{x^2-4}$

$f(x)=\frac{x+1}{x^2-4}$

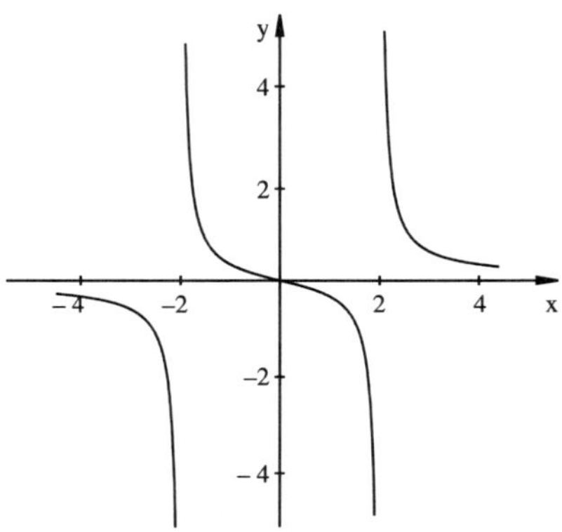

b) $f(x) = \frac{3}{x(x-2)}$

$f(x) = \frac{3}{x^2(x-2)}$

$f(x) = \frac{3}{x(x-2)^2}$

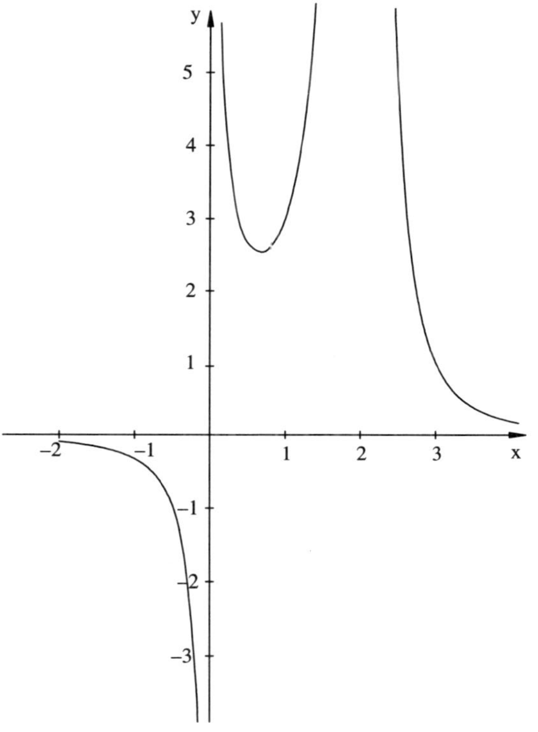

5. Gegeben ist die Funktion f mit $f(x) = \frac{x^2}{x^2-1}$ und $x \in D_f$.

Stellen Sie mithilfe der 1. Ableitung fest, in welchen Teilbereichen des maximalen Definitionsbereichs D_f die Funktion streng monoton zu- bzw. abnimmt!

6. Gegeben ist die in $\mathbb{R}$ definierte Funktion f mit $f(x) = \frac{1}{1+x^2}$ und Graphen G_f.

Der Graph von f hat Wendestellen an den Stellen $x = \frac{\sqrt{3}}{3}$ und $x = -\frac{\sqrt{3}}{3}$.

Die Schnittpunkte der Wendetangenten des Graphen G_f mit den Koordinatenachsen sind die Eckpunkte eines Dreiecks. Berechnen Sie dessen Flächeninhalt!

Klausur 3

1. Gegeben ist die Funktion $f\colon x \mapsto \frac{2x - x^2}{(x-1)^2}$ und $x \in D_f$.

Ihre erste Ableitung ist $f'(x) = \frac{-2}{(x-1)^3}$.

a) Geben Sie die maximale Definitionsmenge D_f an!

b) Ermitteln Sie alle Asymptoten des Graphen von f!

c) Untersuchen Sie das Monotonieverhalten von f!

d) Untersuchen Sie die Funktion f auf Nullstellen und relative Extrema!

e) Zeichnen Sie den Graphen von f im Bereich $-2 \le x \le 5$. (Einheit 2 cm)

f) Zeigen Sie, dass die Funktion F mit $F(x) = \frac{x^2}{1-x}$ eine Stammfunktion von f ist!

g) Der Graph G_f schließt mit den drei Geraden $y = -1$, $x - 2 = 0$ und $x - t = 0$ $(t > 2)$ ein Flächenstück mit dem Inhalt A(t) ein. Berechnen Sie A(t)!

$\left(\text{Ergebnis: } A(t) = \frac{t^2}{1-t} + t + 2\right)$

Berechnen Sie $\lim\limits_{t \to \infty} A(t)$!

2. Berechnen Sie jeweils den Flächeninhalt des grau unterlegen Flächenstücks!

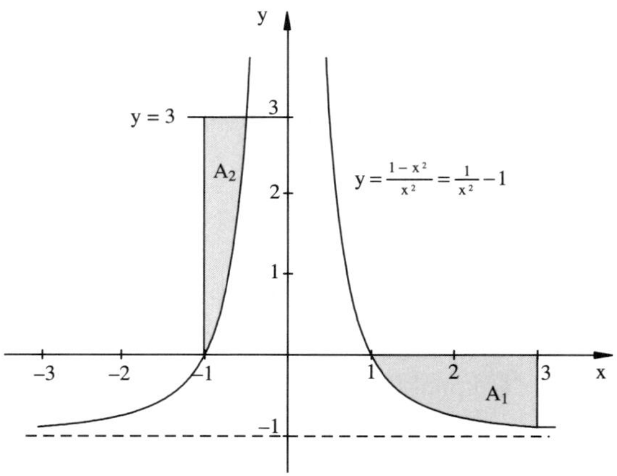

3. Die untenstehende Abbildung zeigt den Graphen der Funktion f mit
$f(x)=\frac{1}{2}\cdot\frac{x^2+2x-4}{x-2}$ und $x \in\ ]-\infty;2[$.

a) Zeigen Sie, dass gilt: $f(x)=\frac{x}{2}+2+\frac{2}{x-2}$

b) Die Tangente an den Graphen von f an der Stelle x = 1 schließt mit dem Graphen von f und der y-Achse ein Flächenstück vollständig ein. Berechnen Sie dessen Flächeninhalt!

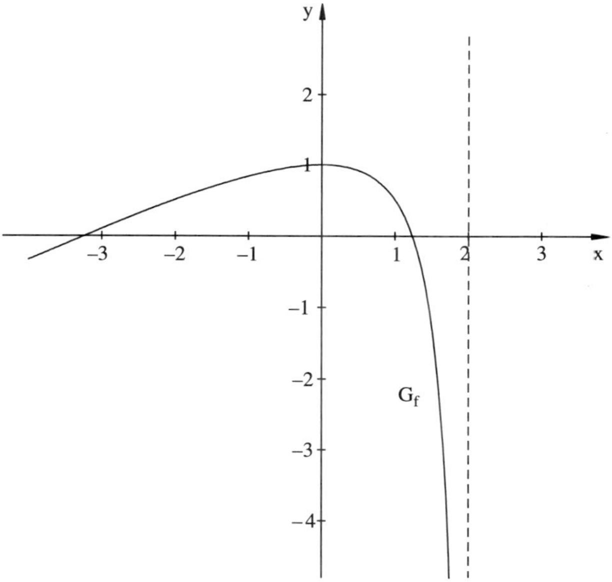

Lösungen

Jetzt können Sie überprüfen, ob Sie mit Ihrer Lösung „ins Schwarze" getroffen haben. Sollten Sie einen „Fehlschuss" getan haben, dann wäre es gut, die entsprechende Aufgabe nach einigen Tagen nochmals zu bearbeiten.
Viel Erfolg!

1. Lösungen der Übungsaufgaben

1.

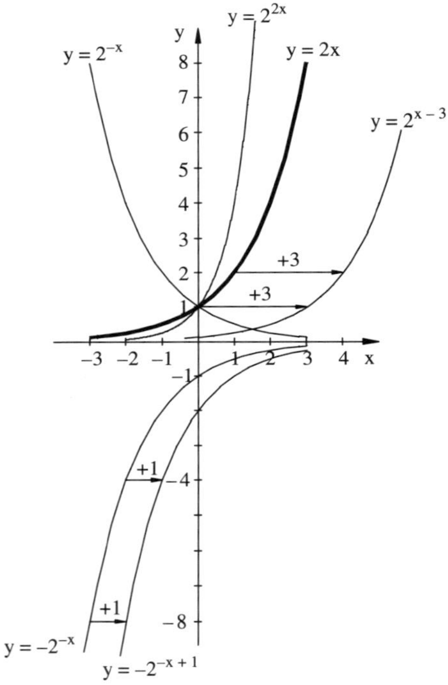

2.
I: $m(x) = 2^{-x-1}$
II: $h(x) = 2^{-x} + \frac{3}{2}$
III: $g(x) = -2^{-x}$
IV: $f(x) = 2^{-x}$
V: $n(x) = -2^{-x+2}$

3. a) $1{,}3^{-1{,}2} < 1{,}3^{1{,}8} < 1{,}3^{3}$

b) $1{,}4^{-2} < 1{,}4^{2{,}8} < 1{,}4^{4} < 1{,}4^{5}$

c) $0{,}8^{1{,}1} < 0{,}8^{0{,}8} < 0{,}8^{-0{,}6}$

4. a) 1,10

b) 8,16

c) 0,65

5. a) $\left[\left(\frac{2}{3}\right)^2 : 3^2\right] \cdot 81 = \left(\frac{2}{3} \cdot \frac{1}{3}\right)^2 \cdot 3^4 = \frac{4 \cdot 3^4}{3^4} = 4$

b) $\left[\left(-\frac{1}{2}\right)^3 \cdot \left(\frac{2}{5}\right)^4\right] : \frac{2}{5^3} = -\frac{1}{2^3} \cdot \frac{2^4}{5^4} \cdot \frac{5^3}{2} = -\frac{1}{5} = -0,2$

6.

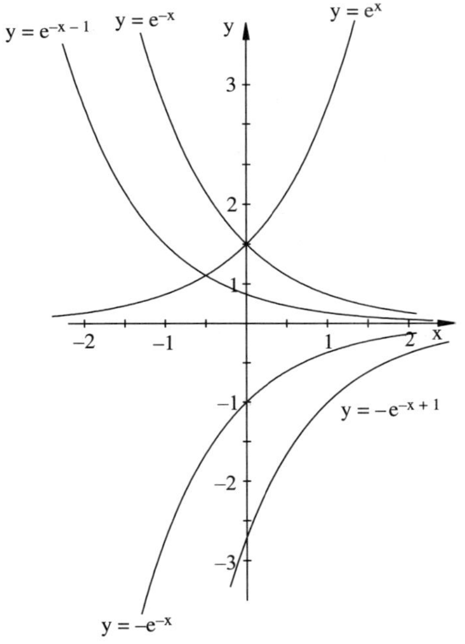

7. a) (0 | 1) ist gemeinsamer Punkt.

b)

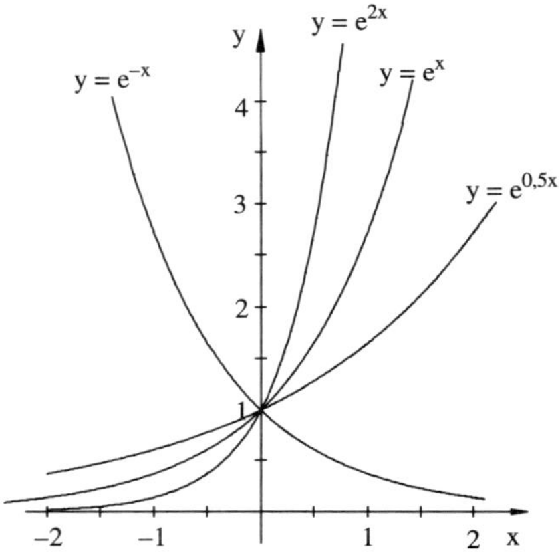

8. a)

x	−2	−1,5	−1	−0,5	0	0,5	1	1,5	2
$-\frac{1}{2}e^x + e$	2,7	2,6	2,5	2,4	2,2	1,9	1,4	0,5	−1

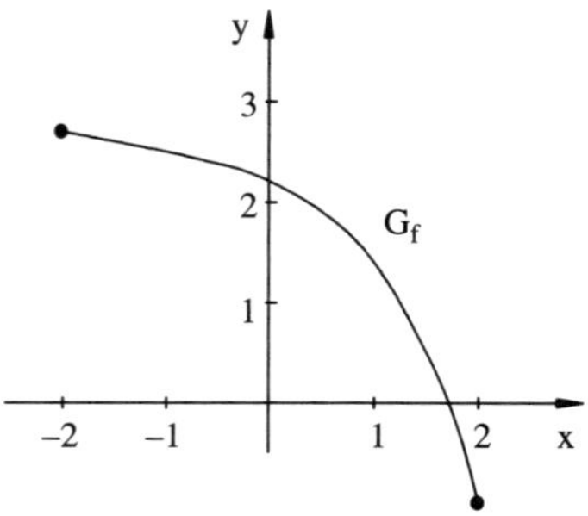

b)

x	–2	–1,5	–1	–0,5	0	0,5	1	1,5	2
$e^{-0,5x+1}$	7,4	5,8	4,5	3,5	2,7	2,1	1,6	1,3	1

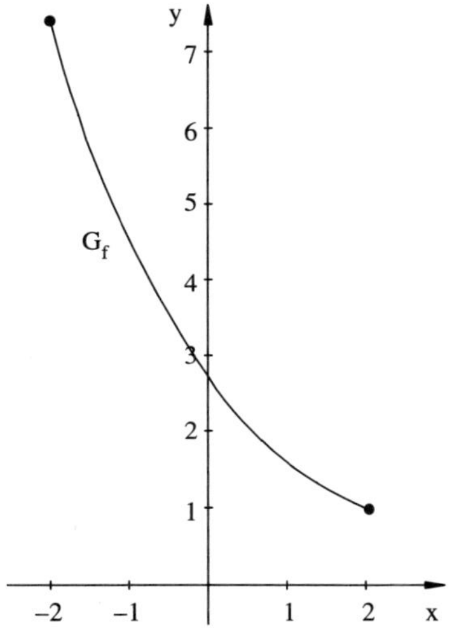

9. a) $(e^x \cdot e^{2x}):(-e^{3x}) = e^{x+2x}:(-e^{3x}) = e^{3x}:(-e^{3x}) = -1$

b) $e^{2x}:(-e^{-2x}) = -e^{2x-(-2x)} = -e^{4x}$

c) $(e^{-x} \cdot e^{2x}):e^{0,5x} = (e^{-x+2x}):e^{0,5x} = e^x : e^{0,5x} = e^{x-0,5x} = e^{0,5x}$

d) $e^{-x+1}:e^{-x} - e:e^{-x} = e^{-x+1-(-x)} - e^{1-(-x)} = e^{-x+1+x} - e^{1+x}$
$= e^1 - e^{1+x} = e - e^{1+x} = e(1-e^x)$

e) $e^{x-1} \cdot e - 2e^x + \frac{1}{2e^{-x}} = e^{x-1+1} - 2e^x + \frac{e^x}{2} = e^x - 2e^x + \frac{1}{2}e^x = -0,5e^x$

f) $(e - e^{1+x}):(1-e^x) = [e(1-e^x)]:(1-e^x) = \frac{e(1-e^x)}{1-e^x} = e$

10. a)
$$\begin{aligned}
f(2) &= f(0{,}5+1{,}5) = f(0{,}5)\cdot f(1{,}5) = 1{,}73\cdot 5{,}20 \approx 9{,}0\\
f(3{,}3) &= f(1{,}5+1{,}8) = f(1{,}5)\cdot f(1{,}8) = 5{,}20\cdot 7{,}22 \approx 37{,}54\\
f(2{,}5) &= f(1{,}5+0{,}5+0{,}5) = f(1{,}5)\cdot f(0{,}5)\cdot f(0{,}5)\\
&= 5{,}20\cdot 1{,}73\cdot 1{,}73 \approx 15{,}56\\
f(3{,}0) &= f(1{,}5+1{,}5) = f(1{,}5)\cdot f(1{,}5) = 5{,}20\cdot 5{,}20 = 27{,}04\\
f(4{,}5) &= f(1{,}5+1{,}5+1{,}5) = [f(1{,}5)]^3 = 5{,}20^3 \approx 140{,}61
\end{aligned}$$

b) $a^{0,5} = 1{,}73 \quad |^2$

$\Leftrightarrow \quad a = 1{,}73^2 \quad \Leftrightarrow \quad a = 2{,}9929 \approx 3$

Die Basis heißt 3.

Wir überprüfen dies:

$3^{0,5} \approx 1{,}73$

$3^{1,5} \approx 5{,}20$

$3^{1,8} \approx 7{,}22$

11. a)

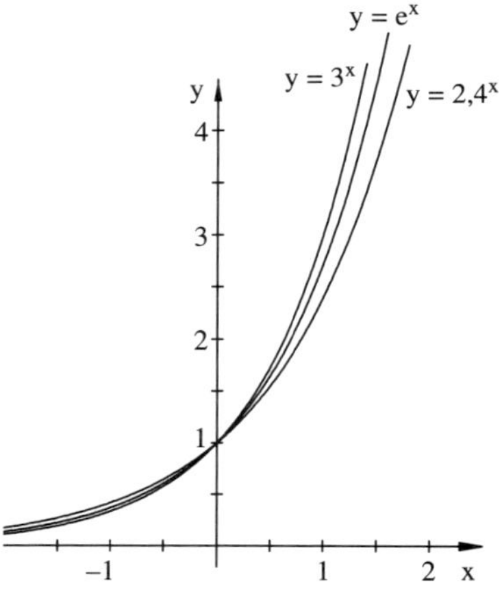

b)

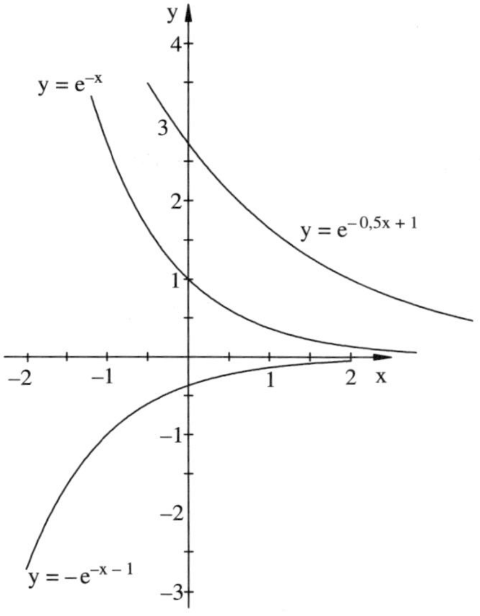

c)

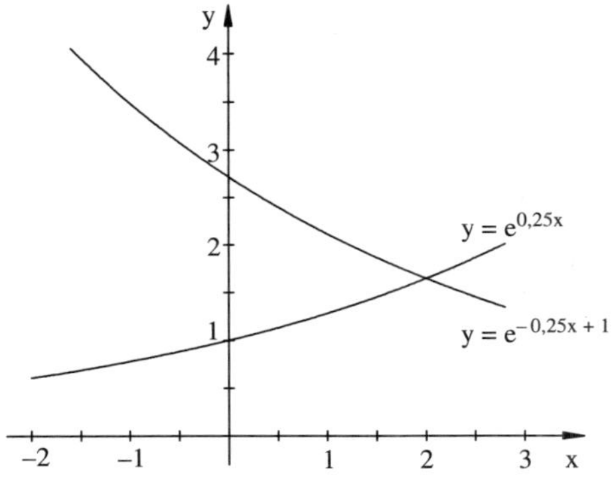

12. Guthaben im Jahre 1626: 24

Guthaben im Jahre 1627: $24 + 24 \cdot \frac{3}{100} = 24(1+0,03)$

Guthaben im Jahre 1628: $24\,(1+0,03)+[24(1+0,3)]\cdot\frac{3}{100}$

$\vdots \qquad = 24(1 + 0,03)\;[1 + 0,03] = 24\;(1,03)^2$

Guthaben im Jahre 2005: $24 \cdot 1,03^{2005-1626} = 24 \cdot 1,03^{379} \approx 1,76$ Millionen.
Peter Minuits Erben bekämen etwa 1,76 Millionen Dollar ausbezahlt.

13. a) $N(1\,h) = 800 \cdot e^{0{,}2\,h^{-1} \cdot 1\,h} \approx 980$

$\Delta N = 980 - 800 = 180$

$\frac{\Delta N}{N(0)} = \frac{180}{800} = 0{,}23$

Die Bakterien vermehren sich um 23 % in jeder Stunde.

b) $100\,000 = 800\, e^{0{,}2\,h^{-1} \cdot t}$

$125 = e^{0{,}2\,h^{-1} \cdot t}$

Durch Probieren findet man mit dem Taschenrechner $t \approx 24{,}2$ h.

14. Punkt A

Aus $x_A = 0$ folgt $y_A = f(0) = 2\,e^{-2} - 4 \approx -3{,}7$

Ergebnis: A(0 | –3,7)

Punkt B

Aus $y_B = -2$ folgt

$-2 = 2\,e^{x_B - 2} - 4$

$\Leftrightarrow \quad 2 = 2\,e^{x_B - 2} \quad \Leftrightarrow \quad e^{x_B - 2} = 1 \Leftrightarrow x_B - 2 = 0$

$\Leftrightarrow \quad x_B = 2$

Ergebnis: B(2 | –2)

Punkt C

Aus $y_C = 0$ folgt

$0 = 2\,e^{x_C - 2} - 4 \quad \Leftrightarrow \quad e^{x_C - 2} = 2$

$\Leftrightarrow \quad \ln e^{x_C - 2} = \ln 2$

$\Leftrightarrow \quad x_C - 2 = \ln 2$

$\Leftrightarrow \quad x_C = 2 + \ln 2 \approx 2{,}7$

Ergebnis: C(2,7 | 0)

15. a) Im Schnittpunkt gilt:

$e^{x-1} = e^{-x}$

$\Leftrightarrow \quad x - 1 = -x \quad \Leftrightarrow \quad 2x = 1 \quad \Leftrightarrow \quad x = \frac{1}{2}$

$f\left(\frac{1}{2}\right) = e^{-0{,}5} \approx 0{,}6$

Die Graphen schneiden einander im Punkt $(0{,}5 \mid e^{-0{,}5} \approx 0{,}6)$.

b) Im Schnittpunkt gilt:

$$e^{x} = 1 + 2e^{-x} \qquad | \cdot e^{x}$$

$$\Leftrightarrow \quad e^{2x} = e^{x} + 2$$

$$\Leftrightarrow \quad e^{2x} - e^{x} - 2 = 0 \quad \Leftrightarrow \quad (e^{x} - 2)(e^{x} + 1) = 0 \quad \Leftrightarrow \quad e^{x} = 2$$

$$\Leftrightarrow \quad x = \ln 2 \approx 0{,}7$$

$f(\ln 2) = 2$

Die Graphen schneiden einander im Punkt $(\ln 2 \approx 0{,}7 \mid 2)$.

c) Im Schnittpunkt gilt:

$$e^{0{,}25x} = e^{-0{,}25x+1}$$

$$\Leftrightarrow \quad 0{,}25x = -0{,}25x + 1 \quad \Leftrightarrow \quad 0{,}5x = 1 \quad \Leftrightarrow \quad x = 2$$

$f(2) = e^{0{,}5} \approx 1{,}6$

Die Graphen schneiden einander im Punkt $(2 \mid e^{0{,}5} \approx 1{,}6)$.

16. a)

$$e^{2x} - 2e^{x} = 0$$

$$\Leftrightarrow \quad e^{x}(e^{x} - 2) = 0$$

$$\Leftrightarrow \quad e^{x} - 2 = 0$$

$$\Leftrightarrow \quad e^{x} = 2$$

Die gegebene Gleichung hat die Lösungszahl $x = \ln 2$.

b)

$$x e^{-\frac{x}{2}} + 2e^{-\frac{x}{2}} = 0$$

$$\Leftrightarrow \quad e^{-\frac{x}{2}}(x + 2) = 0$$

$$\Leftrightarrow \quad x + 2 = 0$$

$$\Leftrightarrow \quad x = -2$$

Die gegebene Gleichung hat die Lösungszahl $x = -2$.

c)

$$e^{-x} = 100 \quad \Leftrightarrow \quad \ln e^{-x} = \ln 100$$

$$\Leftrightarrow \quad -x = \ln 10^{2}$$

$$\Leftrightarrow \quad -x = 2 \ln 10$$

$$\Leftrightarrow \quad x = -2 \ln 10$$

Die gegebene Gleichung hat die Lösungszahl $x = -2 \ln 10$.

d) $e^{2x-5} = 3$

$\Leftrightarrow \ln e^{2x-5} = \ln 3 \Leftrightarrow 2x - 5 = \ln 3 \Leftrightarrow 2x = 5 \ln 3$

$\Leftrightarrow x = \frac{1}{2}(5 + \ln 3)$

Die gegebene Gleichung hat die Lösungzahl $x = \frac{1}{2}(5 + \ln 3)$.

e) $e^{-\ln x} = 3 \Leftrightarrow \frac{1}{e^{\ln x}} = 3 \Leftrightarrow \frac{1}{x} = 3 \Leftrightarrow x = \frac{1}{3}$

Die gegebene Gleichung hat die Lösungszahl $x = \frac{1}{3}$.

f) $\frac{1}{2}e^{1,5} = \frac{1}{4}e^{x} \Leftrightarrow e^{x} = \frac{4}{2}e^{1,5} \Leftrightarrow e^{x} = 2e^{1,5}$

$\Leftrightarrow \ln e^{x} = \ln(2\,e^{1,5})$

$\Leftrightarrow x = \ln(2\,e^{1,5}) = \ln 2 + \ln e^{1,5}$

$\Leftrightarrow x = \ln 2 + 1,5 \ln e = \ln 2 + 1,5$

Die gegebene Gleichung hat die Lösungszahl $x = 1,5 + \ln 2$.

g) $e^{0,5x} = 2e^{-0,5x} + 1 \quad | \cdot e^{0,5x}$

$\Leftrightarrow e^{x} = 2 + e^{0,5x}$

$\Leftrightarrow e^{x} - e^{0,5x} - 2 = 0$

$\Leftrightarrow (e^{0,5x} - 2)(e^{0,5x} + 1) = 0$

$\Leftrightarrow e^{0,5x} = 2 \vee e^{0,5x} = -1$

$\Leftrightarrow 0,5x = \ln 2$ Für kein $x \in \mathbb{R}$ erfüllbar.

$\Leftrightarrow x = 2 \ln 2$

Die gegebene Gleichung hat die Lösungszahl $x = 2 \ln 2$.

h) $4e^{x} - \frac{1}{2}e^{2x} - 3,5 = 2,5$

$\Leftrightarrow 4e^{x} - \frac{1}{2}e^{2x} - 6 = 0 \quad | \cdot (-2)$

$\Leftrightarrow e^{2x} - 8e^{x} + 12 = 0$

$\Leftrightarrow (e^{x} - 6)(e^{x} - 2) = 0$

$\Leftrightarrow e^{x} = 6 \vee e^{x} = 2$

$\Leftrightarrow x = \ln 6 \vee x = \ln 2$

Die gegebene Gleichung hat die Lösungszahlen ln 6 und ln 2.

17. a) $f(x)=\frac{1}{2}\ln x;\qquad D_f = \mathbb{R}^+$

b) $f(x)=\ln(x-1);\quad D_f =]1;\infty[$
Es muss gelten: $x - 1 > 0 \;\Leftrightarrow\; x > 1$

c) $f(x) = \ln x^2;\qquad D_f = \mathbb{R} \setminus \{0\}$

d) $f(x) = 2\ln x;\qquad D_f = \mathbb{R}^+$

e) $f(x)=\ln\sqrt{2x};\quad D_f = \mathbb{R}+$
Es muss gelten: $\sqrt{2x} > 0 \;\Leftrightarrow\; x > 0$

f) $f(x) = \ln(2x - 1);\; D_f =]0{,}5;\infty[$
Es muss gelten: $2x - 1 > 0 \;\Leftrightarrow\; 2x > 1 \;\Leftrightarrow\; x > 0{,}5.$

18. a)
$$\frac{1}{4}\ln 81-\ln 3+\frac{1}{2}\ln 32-2\ln 16=\frac{1}{4}\ln 3^4-\ln 3+\frac{1}{2}\ln 2^5-2\ln 2^4$$
$$=\frac{4}{4}\ln 3-\ln 3+\frac{5}{2}\ln 2-8\ln 2$$
$$=-5{,}5\ln 2$$

b)
$$\ln\frac{1}{3}-3\ln 1-2\ln 2-\ln 3=\ln 1-\ln 3-0-2\ln 2-\ln 3=-2\ln 3-2\ln 2$$
$$=-2(\ln 3+\ln 2)=-2\ln(3\cdot 2)=-2\ln 6$$

19. a) $\ln\frac{1}{e^2}=-\ln e^2=-2$

b) $\ln 2e^3=\ln 2+\ln e^3=\ln 2+3\ln e=3+\ln 2$

c)
$$(e^{\ln 3}-e^{\frac{1}{2}\ln 3})(e^{\ln 3}+e^{\frac{1}{2}\ln 3})=(3-\sqrt{3})(3+\sqrt{3})$$
$$=3^2-(\sqrt{3})^2=9-3=6$$

d) $2e^{-\ln 0{,}2}=\frac{2}{e^{\ln 0{,}2}}=\frac{2}{0{,}2}=10$

e) $e^{\ln 2}(e^{\ln 2}-1)=2(2-1)=2$

20. a) $\left(\ln e^2 : \ln \frac{1}{e}\right) : \ln \frac{1}{e} = [2 : (\ln 1 - \ln e)] : (\ln 1 - \ln e) = [2 : (-1) : (-1) = 2$

b) $\frac{\log_{10} 125 \cdot \log_{10} \sqrt[3]{10}}{\log_{10} 5} = \frac{\log_{10} 5^3 \cdot \log_{10} \sqrt[3]{10}}{\log_{10} 5} = \frac{3 \log_{10} 5 \cdot \frac{1}{3} \log_{10} 10}{\log_{10} 5} = \log_{10} 10 = 1$

c) $\frac{\ln 125}{\ln 8} : \frac{\ln 25}{\ln 2} = \frac{\ln 5^3}{\ln 2^3} \cdot \frac{\ln 2}{\ln 5^2} = \frac{(3 \ln 5) \cdot \ln 2}{(3 \ln 2) \cdot 2 \ln 5} = \frac{1}{2}$

21. a) $\ln a + \ln b - \ln c - \ln d = \ln (ab) - (\ln c + \ln d) = \ln (ab) - [\ln (cd)] = \ln \frac{ab}{cd}$

b) $\ln 3x - \ln x - \ln 9 = \ln 3x - (\ln x + \ln 9) = \ln 3x - \ln 9x = \ln \frac{3x}{9x}$

$= \ln \frac{1}{3} = -\ln 3$

c) $\ln 2 + 4 \ln x - 3 \ln y - 3 \ln \frac{x}{y} = \ln 2 + \ln x^4 - \left[\ln y^3 + \ln \left(\frac{x}{y}\right)^3\right]$

$= \ln(2 \cdot x^4) - \ln\left(\frac{y^3 \cdot x^3}{y^3}\right) = \ln \frac{2x^4}{x^3} = \ln 2x$

d) $-\ln x - \ln \frac{1}{x} - 4 \ln y^{-2} + \ln \frac{1}{y^4} = -\ln x - (\ln 1 - \ln x) - \ln y^{-8} + \ln 1 - \ln y^4$

$= -\ln x + \ln x - \ln y^{-8} - \ln y^4$

$= -(\ln y^{-8} + \ln y^4) = -\ln (y^{-8} \cdot y^4)$

$= -\ln y^{-4} = -(-4) \ln y = 4 \ln y$

oder

$-\ln x - \ln \frac{1}{x} - 4 \ln y^{-2} + \ln \frac{1}{y^4} = \ln \frac{1}{y^4} - \left(\ln x + \ln \frac{1}{x} + \ln y^{-8}\right)$

$= \ln \frac{1}{y^4} - \ln\left(x \cdot \frac{1}{x} \cdot y^{-8}\right) = \ln \frac{1}{y^4} - \ln y^{-8}$

$= \ln \frac{1}{y^4} \cdot \frac{1}{y^{-8}} = \ln y^4 = 4 \ln y$

e) $2 \ln (x-1) + \frac{1}{2} \ln (x-1)^2 - \ln (x-1)^3 = \ln (x-1)^2 + \ln (x-1) - \ln (x-1)^3$

$= \ln \frac{(x-1)^2 (x-1)}{(x-1)^3} = \ln 1 = 0$

22. a) $\ln 8 + \ln 5 + \ln 2{,}5 = \ln 100 = 2 \ln 10 \approx 4{,}605$

b) $\frac{1}{3} \ln 27 - \ln 3 + \frac{1}{2} \ln 64 - 2 \ln 2^2 + \ln e^2 =$

$= \frac{1}{3} \ln 3^3 - \ln 3 + \ln \sqrt{64} - \ln 2^4 + 2 \ln e$

$= \ln 3^{3 \cdot \frac{1}{3}} - \ln 3 + \ln 8 - 4 \ln 2 + 2$

$= \ln 2^3 - 4 \ln 2 + 2 = 3 \ln 2 - 4 \ln 2 + 2$

$= - \ln 2 + 2 = 2 - \ln 2 \approx 1{,}307$

23. a) $\ln \frac{x}{2} = \ln 4{,}2;\; x \in \mathbb{R}^+$

$\Leftrightarrow \quad \frac{x}{2} = 4{,}2 \quad \Leftrightarrow \quad x = 8{,}4$

b) $\ln (x-1) = 2;\; x \in]1; \infty[$

$\Leftrightarrow \quad e^{\ln (x-1)} = e^2$

$\Leftrightarrow \quad x - 1 = e^2$

$\Leftrightarrow \quad x = 1 + e^2$

c) $\ln 2x = -2;\; x \in \mathbb{R}^+$

$\Leftrightarrow \quad e^{\ln 2x} = e^{-2}$

$\Leftrightarrow \quad 2x = e^{-2} \quad \Leftrightarrow \quad x = \frac{1}{2} e^{-2}$

d) $2 \ln x^2 = 0;\; x \in \mathbb{R} \setminus \{0\}$

$\Leftrightarrow \quad \ln x^2 = 0 \quad \Leftrightarrow \quad x^2 = 1 \quad \Leftrightarrow \quad x = 1 \quad \vee \quad x = -1$

e) $\ln (x-1) + \ln (x-2) = \ln 3 - \ln 4;\; x \in]2; \infty[$

$\Leftrightarrow \quad \ln (x-1)(x-2) = \ln \frac{3}{4}$

$\Rightarrow \quad e^{\ln (x-1)(x-2)} = e^{\ln \frac{3}{4}}$

$\Leftrightarrow \quad (x-1)(x-2) = \frac{3}{4}$

$\Leftrightarrow \quad x^2 - 3x + 2 = \frac{3}{4}$

$\Leftrightarrow \quad x^2 - 3x + \frac{5}{4} = 0$

$\Leftrightarrow \quad x = \frac{3 + \sqrt{9-5}}{2} \quad \vee \quad x = \frac{3-2}{2}$

$\Leftrightarrow \quad x = 2{,}5 \quad \vee \quad x = 0{,}5$

Nur x = 2,5 ist Lösung, weil x = 0,5 nicht zur Definitionsmenge gehört.

24. a) $f(x) = 2e^{2x+1}$

$f'(x) = 2e^{2x+1} \cdot 2 = 4e^{2x+1}$

b) $f(x) = e^{2x} + 1$

$f'(x) = e^{2x} \cdot 2 = 2e^{2x}$

c) $f(x) = x^2(e^x)^2 = x^2 e^{2x}$

$f'(x) = 2x\,e^{2x} + x^2 \cdot e^{2x} \cdot 2 = e^{2x}(2x + 2x^2) = 2x\,e^{2x}(1+x)$

d) $f(x) = (x-1)^2 e^x$

$f'(x) = 2(x-1)e^x + (x-1)^2 e^x = (x-1)e^x[2 + (x-1)]$

$= (x-1)e^x(1+x) = (x^2-1)e^x$

e) $f(x) = 2e^x - 2x - e^2 + e^{2x}$

$f'(x) = 2e^x - 2 + 2e^{2x} = 2(e^{2x} + e^x - 1)$

f) $f(x) = \frac{1 \cdot e^{x-1} - x \cdot e^{x-1}}{(e^{x-1})^2} = \frac{e^{x-1}(1-x)}{(e^{x-1})^2} = \frac{1-x}{e^{x-1}}$

25. a) $\int_0^{\ln 2} 2e^{-x}\,dx = [-2e^{-x}]_0^{\ln 2} = -2e^{-\ln 2} + 2 = 2 - \frac{2}{e^{\ln 2}} = 2 - \frac{2}{2} = 1$

b) $\int_{-1}^{0} (1-e^x)^2\,dx = \int_{-1}^{0} (1 - 2e^x + e^{2x})\,dx = \left[x - 2e^x + \frac{1}{2}e^{2x}\right]_{-1}^{0}$

$= -2 + \frac{1}{2} - \left(-1 - \frac{2}{e} + \frac{1}{2} \cdot \frac{1}{e^2}\right) = -1{,}5 + 1 + \frac{2}{e} - \frac{1}{2e^2}$

$= \frac{2}{e} - \frac{1}{2e^2} - 0{,}5$

c) $\int_0^{\ln 4} (e + e^{0{,}5x})\,dx = [ex + 2e^{0{,}5x}]_0^{\ln 4} = e\ln 4 + 2e^{0{,}5\ln 4} - 2$

$= 2e\ln 2 + 2e^{\ln 2} - 2 = 2e\ln 2 + 4 - 2 = 2e\ln 2 + 2$

d) $\int_{-1}^{1} (e^{2x} - e^{-2x})\,dx = 0$ (Punktsymmetrie)

26. $F(x) = x^3e^x - 3x^2e^x + 6x\,e^x - 6\,e^x$

$F'(x) = 3x^2e^x + x^3e^x - 6x\,e^x - 3x^2\,e^x + 6e^x + 6x\,e^x - 6\,e^x = x^3e^x$

$$\int_0^1 x^3e^x dx = [x^3e^x - 3x^2e^x + 6x\,e^x - 6\,e^x]_0^1 = e - 3\,e + 6\,e - 6\,e + 6$$
$$= 6 - 2\,e$$

27. $f(x) = 2(1+e^x)^{-1}$

$f'(x) = 2\cdot(-1)(1+e^x)^{-2}\cdot e^x = -\frac{2\,e^x}{(1+e^x)^2} < 0$, denn $e^x > 0$ für alle $x \in \mathbb{R}$.

Damit ist gezeigt, dass f im gesamten Definitionsbereich streng monoton abnehmend ist.

28. a) $\int e^{2-x}dx = e^{2-x}\cdot(-1) + C = -e^{2-x} + C$

Eine Stammfunktion ist z. B. $F(x) = -e^{2-x} + 2$.

b) $\int (e^x - e^{-x})\,dx = e^x + e^{-x} + C$

Eine Stammfunktion ist z. B. $F(x) = e^x + e^{-x} - 4$

c) $\int e^x(e^{-x} + 1)\,dx = \int (1+e^x)\,dx = x + e^x + C$

Eine Stammfunktion ist z. B. $F(x) = x + e^x + \sqrt{2}$

29. $f(x) = (x+3)\,e^{-\frac{x}{3}}$

$f'(x) = 1\cdot e^{-\frac{x}{3}} + (x+3)\,e^{-\frac{x}{3}}\cdot\left(-\frac{1}{3}\right) = e^{-\frac{x}{3}}\left(1 - \frac{1}{3}x - 1\right) = -\frac{1}{3}x\,e^{-\frac{x}{3}}$

$f(x) = 0$, wo $x + 3 = 0 \Leftrightarrow x = -3$

$f'(-3) = -\frac{1}{3}(-3)\,e^1 = e$

Tangente im Kurvenpunkt $N(-3\,|\,0)$:

t: $y = e[x - (-3)] + 0$

$\Leftrightarrow$ $y = e\,(x + 3)$

Schnittpunkt der Tangente t mit der y-Achse:

$x = 0 \Rightarrow y = 3e$

Die Tangente schneidet die y-Achse im Punkt $(0\,|\,3e)$.

30. a) $f(x) = 2(e^{2-x} - 1) = 2e^{2-x} - 2$

$f'(x) = 2e^{2-x} \cdot (-1) = -2e^{2-x}$

$f'(u) = -2e^{2-u}$

Gleichung der Tangenten t_u:

$y = -2e^{2-u}(x-u) + 2(e^{2-u} - 1)$

$\Leftrightarrow y = -2e^{2-u}(x-u) + 2e^{2-u} - 2$

$\Leftrightarrow y = -2e^{2-u} \cdot x + 2u\,e^{2-u} + 2e^{2-u} - 2$

b) $A(1 \mid -2) \in t_u$, wenn gilt:

$-2 = -2e^{2-u} \cdot 1 + 2u\,e^{2-u} + 2e^{2-u} - 2$

$\Leftrightarrow \quad 0 = 2u\,e^{2-u} \quad \Leftrightarrow \quad u = 0$

Die Tangente t_0: $y = -2e^2x + 2e^2 - 2$ geht durch den Punkt $A(1 \mid -2)$.

31. a) $f(x) = 5x\,e^{-x}$; $f'(x) = 5e^{-x} + 5x\,e^{-x} \cdot (-1) = 5e^{-x}(1-x)$

$f(x) = 0$, wo $5x\,e^{-x} = 0 \quad \Leftrightarrow \quad x = 0$

$f'(0) = 5$

Gleichung der Tangente im Punkt $(0 \mid 0)$:

$y = 5(x - 0) + 0 = 5x$

b) $y = \frac{5}{4}x^2 + 5$; $y' = \frac{5}{2}x$

Im Berührpunkt $B(x_B \mid y_B)$ gilt:

$\frac{5}{4}x_B^2 + 5 = 5x_B \quad (1)$

und

$\frac{5}{2}x_B = 5 \quad (2)$

Aus (2) $\quad x_B = 2$

In (1): $\quad \frac{5}{4} \cdot 4 + 5 = 5 \cdot 2 \quad (w)$

Damit ist gezeigt, dass die Gerade $y = 5x$ die Parabel $y = \frac{5}{4}x^2 + 5$ im Punkt $B(2 \mid 10)$ berührt.

32.

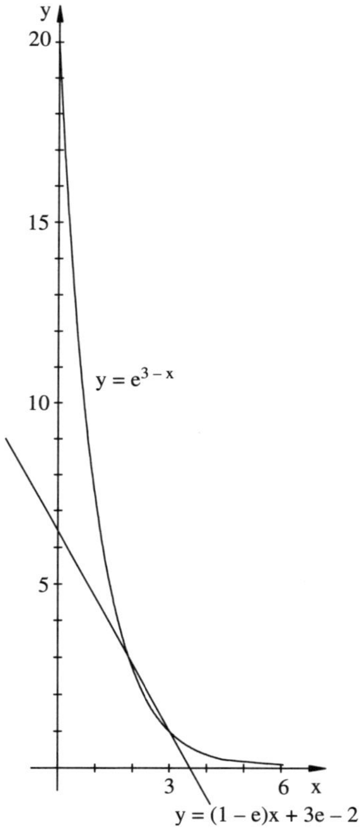

Wir entnehmen aus der Zeichnung, dass sich die Graphen wohl an den Stellen x = 2 und x = 3 schneiden.

Wir überprüfen dies:

$x := 2 \qquad e^{3-2} = (1-e) \cdot 2 + 3e - 2 \quad (w)$

$\Leftrightarrow \qquad e = 2 - 2e + 3e - 2 \quad (w)$

$x := 3 \qquad e^{3-3} = (1-e) \cdot 3 + 3e - 2 \quad (w)$

$\Leftrightarrow \qquad 1 = 3 - 3e + 3e - 2 \quad (w)$

Damit ist gezeigt, dass sich die Graphen an den Stellen x = 2 und x = 3 schneiden.

Also:

$$A = \int_2^3 [(1-e)\,x + 3\,e - 2 - e^{3-x}]\,dx$$

$$= \left[\frac{1-e}{2}x^2 + (3\,e-2)x + e^{3-x}\right]_2^3$$

$$= \frac{1-e}{2}\cdot 9 + 3(3\,e-2) + 1 - [(1-e)\cdot 2 + (3\,e-2)\cdot 2 + e]$$

$$= 4{,}5 - 4{,}5\,e + 9\,e - 6 + 1 - (2 - 2\,e + 6\,e - 4 + e)$$

$$= 4{,}5\,e - 0{,}5 - 5\,e + 2 = 1{,}5 - 0{,}5\,e \approx 0{,}14 \quad [\text{FE}]$$

33. $$A = \int_{-2}^{0} (e^{-\frac{x}{2}} - e^{0,2x})\,dx + \int_0^2 (e^{0,2x} - e^{-\frac{x}{2}})\,dx$$

$$= [-2\,e^{-\frac{x}{2}} - 5\,e^{0,2x}]_{-2}^{0} + [5\,e^{0,2x} + 2\,e^{-\frac{x}{2}}]_0^2$$

$$= -2 - 5 - (-2\,e - 5\,e^{-0,4}) + 5\,e^{0,4} + 2\,e^{-1} - (5+2)$$

$$= -7 + 2\,e + 5\,e^{-0,4} + 5\,e^{0,4} + \frac{2}{e} - 7$$

$$= 2\,e + 5\,e^{0,4} + 2\,e^{-1} + 5\,e^{-0,4} - 14 \approx 3 \quad [\text{FE}]$$

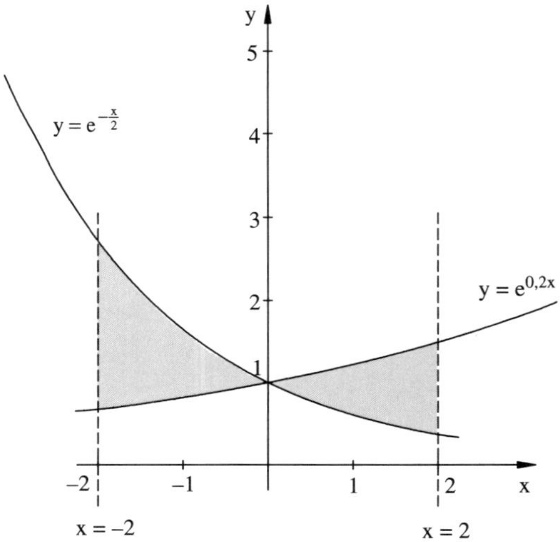

34. Wir berechnen zunächst die Schnittstelle beider Graphen:

$$4-e^{-x}=e^{-x} \Leftrightarrow 4=2e^{-x} \Leftrightarrow 2=e^{-x}$$
$$\Leftrightarrow \ln 2=-x \Leftrightarrow x=-\ln 2$$

$$A=\int_{-\ln 2}^{2}(4-e^{-x}-e^{-x})\,dx=\int_{-\ln 2}^{2}(4-2e^{-x})\,dx$$
$$=[4x+2e^{-x}]_{-\ln 2}^{2}=8+2e^{-2}-(-4\ln 2+4)$$
$$=8+2e^{-2}+4\ln 2-4=4+2e^{-2}+4\ln 2\approx 7\ \text{[FE]}$$

35. $$A=\int_{-1}^{1}(e^{0,5x}+0,5x^2)\,dx=\left[2e^{0,5x}+\tfrac{1}{6}x^3\right]_{-1}^{1}=2e^{0,5}+\tfrac{1}{6}-\left(2e^{-0,5}-\tfrac{1}{6}\right)$$
$$=2\sqrt{e}+\tfrac{1}{6}-2\tfrac{1}{\sqrt{e}}+\tfrac{1}{6}=2\sqrt{e}-2\tfrac{1}{\sqrt{e}}+\tfrac{1}{3}$$

36. Wir berechnen zunächst die Schnittstelle beider Funktionsgraphen und stellen den Sachverhalt geometrisch dar:

$$6-e^{-x}=e^{-x} \quad |+e^{-x}$$
$$\Leftrightarrow \quad 6=2e^{-x}$$
$$\Leftrightarrow \quad 3=e^{-x} \Leftrightarrow \ln 3=-x \Leftrightarrow x=-\ln 3$$

Also:

$$A=\int_{-\ln 3}^{0}(6-e^{-x}-e^{-x})\,dx=\int_{-\ln 3}^{0}(6-2e^{-x})\,dx$$
$$=[6x+2e^{-x}]_{-\ln 3}^{0}=2-(-6\ln 3+2e^{\ln 3})$$
$$=2+6\ln 3-6=6\ln 3-4\approx 2,6\ \text{[FE]}$$

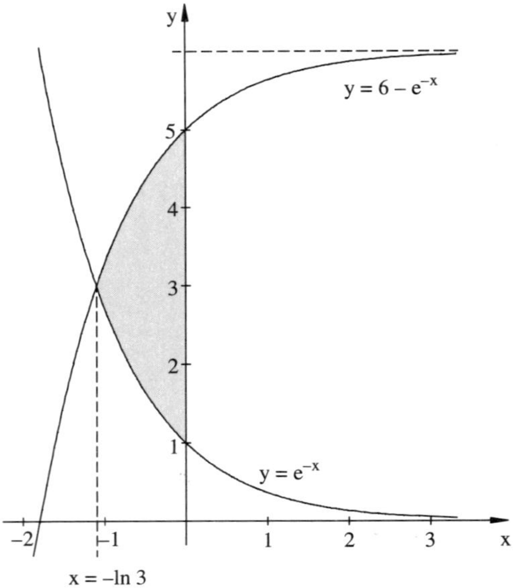

37. Schnittstelle des Graphen von f mit der x-Achse:

$$2e^{-x} - e^{-2x} = 0$$

$$\Leftrightarrow \quad e^{-x}(2 - e^{-x}) = 0 \quad \Leftrightarrow \quad 2 - e^{-x} = 0$$

$$\Leftrightarrow \quad e^{-x} = 2$$

$$\Leftrightarrow \quad -x = \ln 2$$

$$\Leftrightarrow \quad x = -\ln 2$$

$$A = \int_{-\ln 2}^{0} (2e^{-x} - e^{-2x})\,dx = \left[-2e^{-x} + \tfrac{1}{2}e^{-2x}\right]_{-\ln 2}^{0}$$

$$= -2 + \tfrac{1}{2} - \left(-2e^{\ln 2} + \tfrac{1}{2}e^{2\ln 2}\right) = -1{,}5 + 4 - \tfrac{1}{2} \cdot 4 = 0{,}5$$

38. a) $f(-x) = (-x)\,e^{-(-x)^2} = -x\,e^{-x^2} = -f(x)$

Der Graph von f ist punktsymmetrisch bezüglich des Koordinatenursprungs.

b) $f(-x) = 2\,e^{1 - 0{,}25(-x)^2} = 2\,e^{1 - 0{,}25x^2} = f(x)$

Der Graph von f ist achsensymmetrisch bezüglich der y-Achse.

c) $f(-x) = 4\,e^{-|-x|} \cdot |-x| = 4\,e^{-|x|}\,|x| = f(x)$
Der Graph von f ist achsensymmetrisch bezüglich der y-Achse.

d) $f(-x) = [e^{-x} - e^{-(-x)}]^2 = [e^{-x} - e^{x}]^2 = [(-1)(e^{x} - e^{-x})]^2$
$= (-1)^2 (e^{x} - e^{-x})^2 = (e^{x} - e^{-x})^2 = f(x)$
Der Graph von f ist achsensymmetrisch bezüglich der y-Achse.

39. a) Schnittpunkt mit der y-Achse:
$f(0) = 4(1-0)\,e^{0-1} = 4\,e^{-1} \Rightarrow S_y\left(0 \mid \frac{4}{e} \approx 1{,}5\right)$
Schnittpunkt mit der x-Achse:
$f(x) = 0$, wo $4(1-x)\,e^{x-1} = 0 \Leftrightarrow 1 - x = 0 \Leftrightarrow x = 1 \Rightarrow S_x(1 \mid 0)$

b) Schnittpunkt mit der y-Achse:
$f(0) = 3 \cdot 1 = 3 \Rightarrow S_y(0 \mid 3)$
Schnittpunkt mit der x-Achse:
$f(x) = 0$, wo $(1{,}5x + 3)\,e^{-\frac{x}{2}} = 0 \Leftrightarrow 1{,}5x + 3 = 0$
$\Leftrightarrow x = -2 \Rightarrow S_x(-2 \mid 0)$

c) Schnittpunkt mit der y-Achse:
$f(0) = 3\,e^0 - e^0 = 3 - 1 = 2 \Rightarrow S_y(0 \mid 2)$
Schnittpunkt mit der x-Achse:
$f(x) = 0$, wo $3\,e^{-2x} - e^{-x} = 0 \Leftrightarrow e^{-x}(3\,e^{-x} - 1) = 0$
$\Leftrightarrow 3\,e^{-x} - 1 = 0 \Leftrightarrow 3\,e^{-x} = 1 \Leftrightarrow e^{-x} = \frac{1}{3}$
$\Leftrightarrow -x = -\ln 3 \Leftrightarrow x = \ln 3 \Rightarrow S_x(\ln 3 \mid 0)$

d) Schnittpunkt mit der y-Achse:
$f(0) = 0{,}5\,(1 - e)^2 \approx 1{,}5 \Rightarrow S_y(0 \mid 1{,}5)$
Schnittpunkt mit der x-Achse:
$f(x) = 0$, wo $0{,}5\,(e^x - e)^2 = 0 \Leftrightarrow e^x - e = 0 \Leftrightarrow x = 1 \Rightarrow S_x(1 \mid 0)$

40. a) $f(x) = (e^x - 1)^2;\ x \in \mathbb{R}$

$f'(x) = 2\,(e^x - 1) \cdot e^x$

$f'(x) = 0$, wo $2\,(e^x - 1)\,e^x = 0 \Leftrightarrow e^x - 1 = 0$

$\Leftrightarrow \quad x = 0$

Das Vorzeichen von f'(x) hängt nur vom Term $e^x - 1$ ab, da $2\,e^x > 0$ für alle $x \in \mathbb{R}$. Also:

$f'(x) > 0$ für $e^x - 1 > 0 \Leftrightarrow e^x > 1 \Leftrightarrow x > \ln 1 = 0$

$f'(x) < 0$ für $e^x - 1 < 0 \Leftrightarrow x < 0$

Die Funktion f hat an der Stelle x = 0 genau ein lokales Minimum, das zugleich absolutes Minimum ist. Anders gesagt: Der Graph von f hat an der Stelle x = 0 genau einen Tiefpunkt. Der y-Wert des Tiefpunktes ist $f(0) = (e^0 - 1)^2 = 0$.

b) $f(x) = e^{1-x^2};\ x \in \mathbb{R}$

$f'(x) = e^{1-x^2} \cdot (-2x) = -2x\,e^{1-x^2}$

$f'(x) = 0$, wo $-2x\,e^{1-x^2} = 0 \Leftrightarrow x = 0$

Das Vorzeichen von f'(x) hängt nur vom Term –x ab, da $2\,e^{1-x^2} > 0$ für alle $x \in \mathbb{R}$. Also:

$f'(x) > 0$ für $-x > 0 \quad | \cdot (-1) \Leftrightarrow x < 0$

$f'(x) < 0$ für $-x < 0 \quad | \cdot (-1) \Leftrightarrow x > 0$

Die Funktion f hat an der Stelle x = 0 genau ein lokales Maximum, das zugleich absolutes Maximum ist. Anders gesagt: Der Graph von f hat an der Stelle x = 0 genau einen Hochpunkt. Der y-Wert des Hochpunktes ist $f(0) = e^{1-0} = e^1 = e$.

41. *Abbildung 1:* $f(x) = 4x\,e^x$

$f'(x) = 4\,(e^x + x\,e^x) = 4\,e^x\,(1 + x)$

$f'(x) = 0 \Leftrightarrow 4\,e^x\,(1 + x) = 0 \Leftrightarrow x = -1$

$y = -4\,e^{-1}$

Tiefpunkt $\left(-1 \middle| -\frac{4}{e}\right)$

Abbildung 2: $f(x) = 4\,x^2\,e^x$

$$f'(x) = 4(2x\,e^x + x^2 e^x) = 4x\,e^x(2+x)$$

$$f'(x) = 0 \;\Leftrightarrow\; 4x\,e^x(2+x) = 0 \;\Leftrightarrow\; x = 0 \vee x = -2$$

$$y = 0 \qquad y = \tfrac{16}{e^2}$$

Hochpunkt $\left(-2\,\middle|\,\frac{16}{e^2}\right)$; Tiefpunkt $(0|0)$

Abbildung 3: $f(x) = 4x\,e^{-x^2}$

$$f'(x) = 4[e^{-x^2} + x\,e^{-x^2}\cdot(-2x)] = 4\,e^{-x^2}(1-2x^2)$$

$$f'(x) = 0 \;\Leftrightarrow\; 4\,e^{-x^2}(1-2x^2) = 0 \;\Leftrightarrow\; 1-2x^2 = 0$$

$$\Leftrightarrow\; x^2 = \tfrac{1}{2}$$

$$\Leftrightarrow\; x = \tfrac{\sqrt{2}}{2} \vee x = -\tfrac{\sqrt{2}}{2}$$

$$f\left(\tfrac{\sqrt{2}}{2}\right) = 4\tfrac{\sqrt{2}}{2}\,e^{-0,5} = 2\sqrt{2}\,e^{-0,5}$$

$$f\left(-\tfrac{\sqrt{2}}{2}\right) = -2\sqrt{2}\,e^{-0,5}$$

Tiefpunkt $\left(-\frac{\sqrt{2}}{2}\,\middle|\,-2\sqrt{2}\,e^{-0,5}\right)$; Hochpunkt $\left(\frac{\sqrt{2}}{2}\,\middle|\,2\sqrt{2}\,e^{-0,5}\right)$

Abbildung 4: $f(x) = x^2\,e^{x^2}$

$$f'(x) = 2x\,e^{x^2} + x^2 e^{x^2}\cdot 2x = 2x\,e^{x^2}(1+x^2)$$

$$f'(x) = 0 \;\Leftrightarrow\; 2x\,e^{x^2}(1+x^2) = 0 \;\Leftrightarrow\; x = 0$$

$$y = 0$$

Tiefpunkt $(0|0)$

42. a) $f(x) = (e^x - 2)^2;\; x \in \mathbb{R}$

$$f'(x) = 2(e^x - 2)\cdot e^x = 2\,e^x(e^x - 2)$$

$$f''(x) = 2[e^x(e^x - 2) + e^x \cdot e^x] = 2(e^{2x} - 2\,e^x + e^{2x})$$

$$= 2(2\,e^{2x} - 2\,e^x) = 4\,e^x(e^x - 1)$$

Nullstellen:

$$f(x) = 0 \;\Leftrightarrow\; (e^x - 2)^2 = 0 \;\Leftrightarrow\; e^x - 2 = 0$$

$$\Leftrightarrow\; e^x = 2 \;\Leftrightarrow\; x = \ln 2$$

Verhalten für $|x| \to \infty$:

$$\lim_{x\to\infty} (e^x - 2)^2 \quad = \infty$$

$$\lim_{x\to-\infty} (e^x - 2)^2 = \lim_{x\to+\infty} (e^{-x} - 2)^2 = \lim_{x\to+\infty} \left(\frac{1}{e^x} - 2\right)^2 = 4$$

Symmetrieverhalten:
Der Graph von f ist weder achsensymmetrisch zur y-Achse noch punktsymmetrisch bezüglich des Koordinatenursprungs.

Extrempunkte:

$f'(x) = 0 \;\Leftrightarrow\; e^x - 2 = 0 \;\Leftrightarrow\; e^x = 2 \;\Leftrightarrow\; x = \ln 2$

$f''(\ln 2) = 4 \cdot 2(2-1) = 8 > 0$

Ergebnis: Punkt (ln 2 | 0) ist Tiefpunkt der Graphen von f.

Graph:

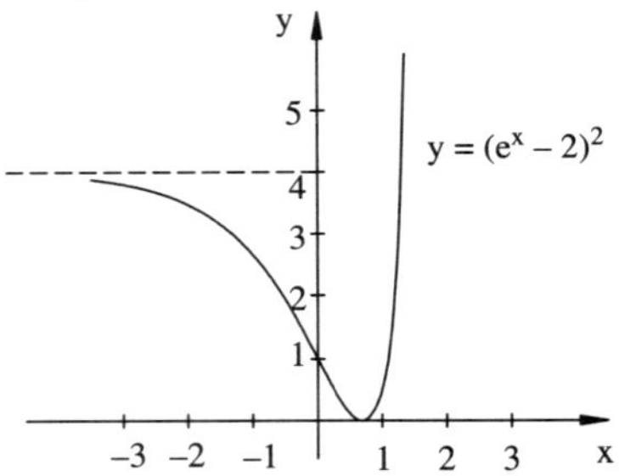

$f(-1) \approx 2{,}7$; $f(1) \approx 0{,}5$

b) $f(x) \;= (2 - e^x)^2 + e^{2x}$; $x \in \mathbb{R}$

$f'(x) = 2(2 - e^x)(-e^x) + 2\,e^{2x} = -4\,e^x + 2\,e^{2x} + 2\,e^{2x}$

$\quad = 4\,e^{2x} - 4\,e^x = 4\,e^x(e^x - 1)$

$f''(x) = 8\,e^{2x} - 4\,e^x$

Nullstellen: keine

$(2 - e^x)^2 + e^{2x} > 0$ für alle $x \in \mathbb{R}$

Verhalten für $|x| \to \infty$:

$$\lim_{x\to\infty} (4 - 4\,e^x + e^{2x} + e^{2x}) = \infty$$

$$\lim_{x\to-\infty} (4 - 4\,e^x + 2\,e^{2x}) \quad = 4$$

Symmetrieverhalten:
Der Graph von f ist weder achsensymmetrisch zur y-Achse noch punktsymmetrisch zum Koordinatenursprung.

Extrempunkte:
$f'(x) = 0 \iff e^x - 1 = 0 \iff x = 0$
$f''(0) = 8 - 4 = 4 > 0$

Ergebnis: Punkt (0 | 2) ist Tiefpunkt des Graphen von f.

Graph:

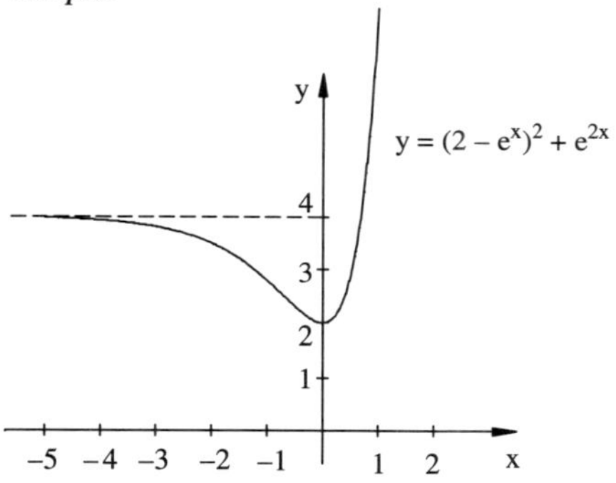

$f(-1) \approx 2{,}8;\quad f(1) \approx 7{,}9;\quad f(0) \approx 2;$
$f(-2) \approx 3{,}5;\quad f(-5) \approx 3{,}97$

c) $f(x) = e^{1-0{,}5x^2};\ x \in \mathbb{R}$
$f'(x) = e^{1-0{,}5x^2} \cdot (-x) = -x\, e^{1-0{,}5x^2}$
$f''(x) = -1 \cdot e^{1-0{,}5x^2} - x\, e^{1-0{,}5x^2} \cdot (-x) = e^{1-0{,}5x^2}\,(x^2 - 1)$

Nullstellen: keine
$e^{1-0{,}5x^2} > 0$ für alle $x \in \mathbb{R}$

Verhalten für $|x| \to \infty$:
$$\lim_{x\to\infty} e^{1-0{,}5x^2} = \lim_{x\to\infty} \frac{e}{e^{0{,}5x^2}} = 0$$
$$\lim_{x\to-\infty} e^{1-0{,}5x^2} = \lim_{x\to-\infty} \frac{e}{e^{0{,}5x^2}} = 0$$

Symmetrieverhalten:
$f(-x) = e^{1-0{,}5(-x)^2} = e^{1-0{,}5x^2} = f(x)$
Der Graph von f ist achsensymmetrisch zur y-Achse.

Extrempunkte:

$f'(x) = 0 \Leftrightarrow x = 0$

$f''(0) = e(-1) = -e < 0$

Ergebnis: Punkt $(0 \mid e)$ ist Hochpunkt des Graphen G_f.

Graph:

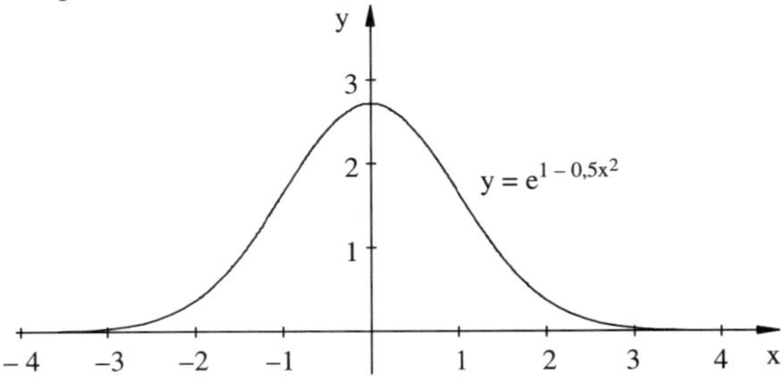

$f(1) \approx 1{,}6;\ f(\sqrt{2}) = 1;\ f(2) \approx 0{,}4$

d) $f(x) = 3\,e^{-2x} - e^{-x}$

$f'(x) = -6\,e^{-2x} + e^{-x} = e^{-x}(1 - 6\,e^{-x})$

$f''(x) = 12\,e^{-2x} - e^{-x}$

Nullstellen:

$$3\,e^{-2x} - e^{-x} = 0 \Leftrightarrow e^{-x}(3e^{-x} - 1) = 0 \Leftrightarrow 3\,e^{-x} = 1$$
$$\Leftrightarrow e^{-x} = \frac{1}{3}$$
$$\Leftrightarrow -x = -\ln 3$$
$$\Leftrightarrow x = \ln 3$$

Verhalten für $|x| \to \infty$:

$$\lim_{x\to\infty}(3\,e^{-2x} - e^{-x}) = \lim_{x\to\infty}\left(\frac{3}{e^{2x}} - \frac{1}{e^{x}}\right) = 0$$

$$\lim_{x\to-\infty}(3\,e^{-2x} - e^{-x}) = \lim_{x\to+\infty}(3\,e^{2x} - e^{x}) = \infty$$

Symmetrieverhalten:

Der Graph von f ist weder achsensymmetrisch zur y-Achse noch punktsymmetrisch zum Koordiantenursprung.

Extrempunkte:

$$f'(x)=0 \iff 1-6\,e^{-x}=0 \iff 6\,e^{-x}=1 \iff e^{-x}=\tfrac{1}{6}$$
$$\iff -x=-\ln 6$$
$$\iff x=\ln 6$$

$$f(\ln 6)=3\cdot\tfrac{1}{36}-\tfrac{1}{6}=\tfrac{1}{12}-\tfrac{1}{6}=-\tfrac{1}{12}$$
$$f''(\ln 6)=12\cdot\tfrac{1}{36}-\tfrac{1}{6}=\tfrac{1}{3}-\tfrac{1}{6}>0$$

Ergebnis: Punkt $\left(\ln 6 \,\middle|\, -\tfrac{1}{12}\right)$ ist Tiefpunkt des Graphen G_f.

Graph:

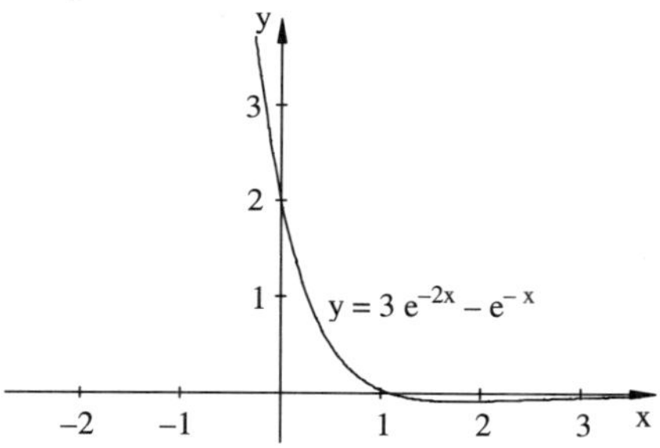

43. $f(x)=\left(\frac{x}{2}-2\right)e^{0,5x}\,;\; x\in\mathbb{R}$

a) *Nullstellen*:

$$f(x)=0 \iff \left(\tfrac{x}{2}-2\right)=0 \iff x=4$$

b) *Verhalten für $|x| \to \infty$*:

$$\lim_{x\to\infty} f(x)=\lim_{x\to\infty}\left(\tfrac{x}{2}-2\right)e^{0,5x}=\infty$$

$$\lim_{x\to-\infty} f(x)=\lim_{x\to-\infty}\left(\tfrac{x}{2}-2\right)e^{0,5x}=\lim_{x\to+\infty}\left(-\tfrac{x}{2}-2\right)e^{-0,5x}=\lim_{x\to+\infty}\frac{-\frac{x}{2}-2}{e^{0,5x}}=0$$

c) $$f'(x)=\tfrac{1}{2}\,e^{0,5x}+\left(\tfrac{x}{2}-2\right)e^{0,5x}\cdot\tfrac{1}{2}=\tfrac{1}{2}\,e^{0,5x}\left(1+\tfrac{x}{2}-2\right)=\tfrac{1}{2}\left(\tfrac{x}{2}-1\right)e^{0,5x}$$
$$f''(x)=\tfrac{1}{2}\left[\tfrac{1}{2}e^{0,5x}+\left(\tfrac{x}{2}-1\right)e^{0,5x}\cdot\tfrac{1}{2}\right]=\tfrac{1}{2}\cdot\tfrac{1}{2}\,e^{0,5x}\left(1+\tfrac{x}{2}-1\right)=\tfrac{1}{8}\,x\,e^{0,5x}$$
$$f'''(x)=\tfrac{1}{8}\left(1\cdot e^{0,5x}+x\,e^{0,5x}\cdot\tfrac{1}{2}\right)=\tfrac{1}{8}\,e^{0,5x}\left(1+\tfrac{1}{2}x\right)$$

Extrempunkt:
Extremstrellenverdächtig sind die Stellen mit f '(x) = 0.
Also: $\frac{1}{2}\left(\frac{x}{2}-1\right)e^{0,5x}=0 \;\Leftrightarrow\; \frac{x}{2}-1=0 \;\Leftrightarrow\; x=2$

$f(2)=(1-2)\,e=-e$

$f''(2)=\frac{1}{4}e>0 \;\Rightarrow$ Punkt (2 | −e) ist Tiefpunkt des Graphen G_f.

Wendepunkt:
Wendestellenverdächtig sind die Stellen mit f "(x) = 0.
Also: $\frac{1}{8}x\,e^{0,5x}=0 \;\Leftrightarrow\; x=0$

$f(0)=(-2)\cdot e^0=-2$

$f'''(0)\neq 0 \;\Rightarrow$ Punkt (0 | −2) ist Wendepunkt des Graphen G_f.

d) *Graph*:

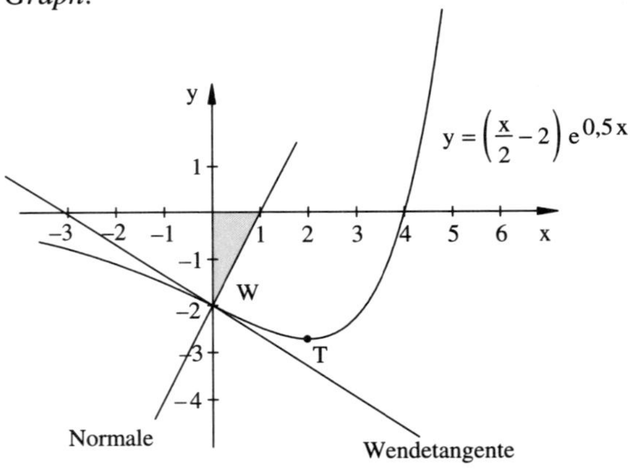

e) *Kurvennormale* im Wendepunkt W(0 | −2):
Wir berechnen zunächst die Steigung der Normale. Es gilt:
$f'(0)=\frac{1}{2}(0-1)\,e^0=-\frac{1}{2}$

Aus $f'(0)\cdot m_n=-1$, m_n = Steigung der Normale
folgt $m_n=\frac{-1}{f'(0)}=\frac{-1}{-\frac{1}{2}}=2$

Für die Gleichung einer Geraden gilt der Ansatz:
$y=m\,x+t$
Wir setzen darin m = 2 sowie die Koordinaten des Punktes W(0 | −2) ein:
$-2=2\cdot 0+t \;\Leftrightarrow\; t=-2$

Gleichung der Normale:
$y = 2x - 2$
Schnittpunkt mit der x-Achse: $2x - 2 = 0 \quad \Leftrightarrow \quad x = 1$
Damit ist die Behauptung, dass die Normale die x-Achse an der Stelle $x = 1$ schneidet, bewiesen.

f) $F(x) = \frac{e^{0,5x}}{0,25}(0,5x-1) = 4(0,5x-1)\,e^{0,5x}$

$F'(x) = 4[0,5\,e^{0,5x} + (0,5x-1)\,e^{0,5x} \cdot 0,5]$

$= 4 \cdot 0,5 \cdot e^{0,5x}(1 + 0,5x - 1) = 2\,e^{0,5x} \cdot 0,5x = x\,e^{0,5x} = f(x)$

g) $A = \left| \int_0^4 f(x)\,dx \right| - \frac{1}{2} \cdot 1 \cdot 2 = \left| \int_0^4 \left(\frac{x}{2} - 2\right) e^{0,5x}\,dx \right| - 1$

$= \left| \frac{1}{2} \int_0^4 x\,e^{0,5x}\,dx - 2 \int_0^4 e^{0,5x}\,dx \right| - 1$

$= \left| \frac{1}{2}[(0,5x-1)\,e^{0,5x}]_0^4 - 2 \cdot 2[e^{0,5x}]_0^4 \right| - 1$

$= \left| 2(e^2+1) - 4(e^2-1) \right| - 1$

$= \left| 2\,e^2 + 2 - 4\,e^2 + 4 \right| - 1$

$= 2\,e^2 - 6 - 1 = 2\,e^2 - 7 \approx 7,8\,[\text{FE}]$

44. $f_k(x) = e^{-x^2+kx}; \quad k \in \mathbb{R}, x \in \mathbb{R}$

$f_k'(x) = e^{-x^2+kx} \cdot (-2x+k) = (-2x+k)\,e^{-x^2+kx}$

$f_k''(x) = -2 \cdot e^{-x^2+kx} + (-2x+k)\,e^{-x^2+kx}(-2x+k)$

$= e^{-x^2+kx}[-2 + (-2x+k)^2] = [(-2x+k)^2 - 2]\,e^{-x^2+kx}$

$f_k'''(x) = 2(-2x+k)(-2)\,e^{-x^2+kx} + [(-2x+k)^2 - 2]\,e^{-x^2+kx} \cdot (-2x+k)$

$= (-2x+k)\,e^{-x^2+kx}[-4 + (-2x+k)^2 - 2]$

$= (-2x+k)\,e^{-x^2+kx}[(-2x+k)^2 - 6]$

a) *Nullstellen*: keine

lokale Extrema:

$f_k'(x) = 0 \iff (-2x+k)=0 \iff x=\frac{k}{2}$

$f_k\left(\frac{k}{2}\right) = e^{\frac{-k^2}{4}+\frac{k^2}{2}} = e^{\frac{k^2}{4}}$

$f_k''\left(\frac{k}{2}\right) = -2\,e^{\frac{k^2}{4}} < 0 \implies$ Maxima in $\left(\frac{k}{2}\middle|e^{\frac{k^2}{4}}\right)$

Wendestellen:

$$\begin{aligned} f''(x)=0 \implies\quad & (-2x+k)^2-2=0 \\ \iff\quad & (-2x+k)^2=2 \\ \iff\quad & |-2x+k|=\sqrt{2} \\ \iff\quad & -2x=\sqrt{2}-k \lor 2x=\sqrt{2}+k \\ \iff\quad & x=\frac{\sqrt{2}-k}{-2} \lor x=\frac{\sqrt{2}+k}{2} \end{aligned}$$

$f'''\left(\frac{\sqrt{2}-k}{-2}\right) \neq 0;\ f'''\left(\frac{\sqrt{2}+k}{2}\right) \neq 0$

Die Funktionen f_k haben Wendestellen an den Stellen
$x=-\frac{1}{2}(\sqrt{2}-k)$ und $x=\frac{1}{2}(\sqrt{2}+k)$.

Verhalten für $|x| \to \infty$:

$$\lim_{x\to\infty} e^{-x^2+kx} = \lim_{x\to\infty} \frac{e^{kx}}{e^{x^2}} = 0$$

$$\lim_{x\to-\infty} e^{-x^2+kx} = \lim_{x\to+\infty} e^{-(-x)^2+k(-x)} = \lim_{x\to+\infty} \frac{1}{e^{x^2+kx}} = 0$$

b) $e^{-x^2+k_1x} = e^{-x^2+k_2x};\ k_1 \neq k_2$

$$\begin{aligned} &\iff -x^2+k_1x=-x^2+k_2x \\ &\iff k_1x=k_2x \iff x=0 \\ &\ y=1 \end{aligned}$$

Alle Funktionsgraphen haben genau einen Punkt gemeinsam. Es ist dies der Punkt $(0|1)$.

c) $f_1(x)=e^{-x^2+x};\ x \in \mathbb{R}$

Hochpunkt $\left(\frac{1}{2}\middle|e^{\frac{1}{4}} \approx 1{,}3\right)$;

Wendestellen: $-\frac{1}{2}(\sqrt{2}-1) \approx -0{,}2;\ \frac{1}{2}(\sqrt{2}+1) \approx 1{,}2$

$f_2(x)=e^{-x^2+2x};\ x \in \mathbb{R}$

Hochpunkt (1 | e ≈ 2,7);
Wendestellen: $-\frac{1}{2}(\sqrt{2}-2) \approx 0{,}3$; $\frac{1}{2}(\sqrt{2}+2) \approx 1{,}7$

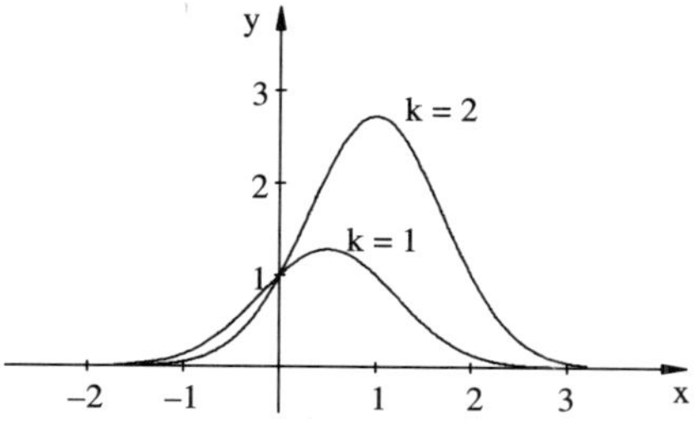

d) $x = \frac{k}{2}$ (1)

$y = e^{\frac{k^2}{4}}$ (2)

(1) in (2) $y = e^{x^2}$; $x \in \mathbb{R}$

Die Hochpunkte der Scharkurven liegen auf der Kurve mit der Gleichung $y = e^{x^2}$.

45. $f_k(x) = \frac{1}{4}(k - e^{-x})^2$; $k \in \mathbb{R}, x \in \mathbb{R}$

$f_k'(x) = \frac{1}{4} \cdot 2(k - e^{-x}) \cdot (-e^{-x}) \cdot (-1) = \frac{1}{2} e^{-x}(k - e^{-x})$

$f_k''(x) = \frac{1}{2}[-e^{-x}(k - e^{-x}) + e^{-x}(-e^{-x}) \cdot (-1)]$

$= \frac{1}{2}(-k\,e^{-x} + e^{-2x} + e^{-2x})$

$= \frac{1}{2}(2\,e^{-2x} - k\,e^{-x}) = \frac{1}{2} e^{-x}(2\,e^{-x} - k)$

$f_k'''(x) = \frac{1}{2}[-e^{-x}(2\,e^{-x} - k) + e^{-x}(-2\,e^{-x})]$

$= \frac{1}{2}(-2\,e^{-2x} + k\,e^{-x} - 2\,e^{-2x})$

$= \frac{1}{2}(-4\,e^{-2x} + k\,e^{-x}) = \frac{1}{2} e^{-x}(k - 4\,e^{-x})$

a) *Nullstellen*:

$k - e^{-x} = 0 \;\Leftrightarrow\; e^{x} = \frac{1}{k} \;\Leftrightarrow\; x = -\ln k$

lokale Extrema:

$f_k'(x) = 0$, wo $k - e^{-x} = 0 \iff x = -\ln k$

$f_k(-\ln k) = 0$

$f''(-\ln k) = \frac{1}{2}k(2k - k) = \frac{1}{2}k \cdot k = \frac{1}{2}k^2 > 0$

$\Rightarrow$ Minima in $(-\ln k \,|\, 0)$

Wendestellen:

$$f_k''(x) = 0 \iff 2e^{-x} - k = 0 \iff e^{-x} = \frac{k}{2}$$
$$\iff -x = \ln\frac{k}{2}$$
$$\iff x = \ln 2 - \ln k$$

$$f_k'''\left(\ln\frac{2}{k}\right) = \frac{1}{2} \cdot \frac{k}{2}\left(k - 4 \cdot \frac{k}{2}\right) = \frac{k}{4}(-k) \neq 0$$

Die Funktionen f_k haben an den Stellen $x = \ln\frac{2}{k}$ Wendestellen.

Verhalten für $|x| \to \infty$:

$$\lim_{x\to\infty} \frac{1}{4}(k - e^{-x})^2 = \lim_{x\to\infty} \frac{1}{4}\left(k - \frac{1}{e^x}\right)^2 = \frac{k^2}{4}$$
$$\lim_{x\to-\infty} \frac{1}{4}(k - e^{-x})^2 = \lim_{x\to+\infty} \frac{1}{4}(k - e^{x})^2 = \infty$$

Graph G_{f_4}:

$f_4(x) = \frac{1}{4}(4 - e^{-x})^2$

Nullstelle: $-2\ln 2$

Tiefpunkt: $(-2\ln 2 \,|\, 0)$

Wendestelle: $-\ln 2$

Asymptote für $x \to \infty$: $y = 4$

$f_4(0) = \frac{1}{4}(4-1)^2 = 2{,}25$

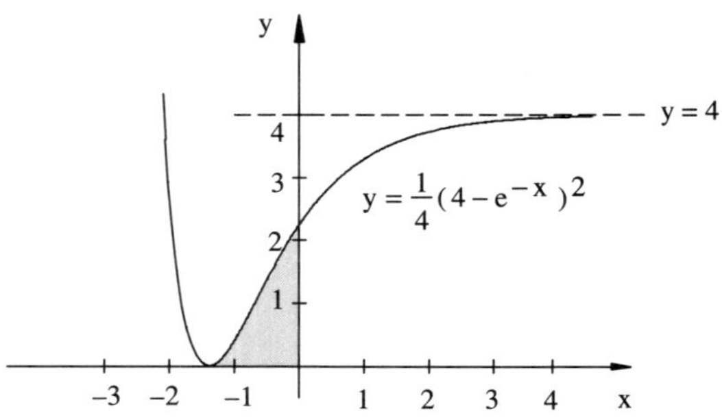

b) $A = \frac{1}{4} \int_{-2\ln 2}^{0} (4 - e^{-x})^2 \, dx = \frac{1}{4} \int_{-2\ln 2}^{0} (16 - 8e^{-x} + e^{-2x}) \, dx$

$= \frac{1}{4}\left[16x + 8e^{-x} - \frac{1}{2}e^{-2x}\right]_{-2\ln 2}^{0} = \frac{1}{4}\left[8 - \frac{1}{2} - \left(-32\ln 2 + 8\cdot 4 - \frac{1}{2}\cdot 16\right)\right]$

$= \frac{1}{4}(7{,}5 + 32\ln 2 - 24) = \frac{1}{4}(32\ln 2 - 16{,}5) = 8\ln 2 - 4{,}125 \approx 1{,}4$

46. Wir veranschaulichen das Problem zunächst geometrisch:

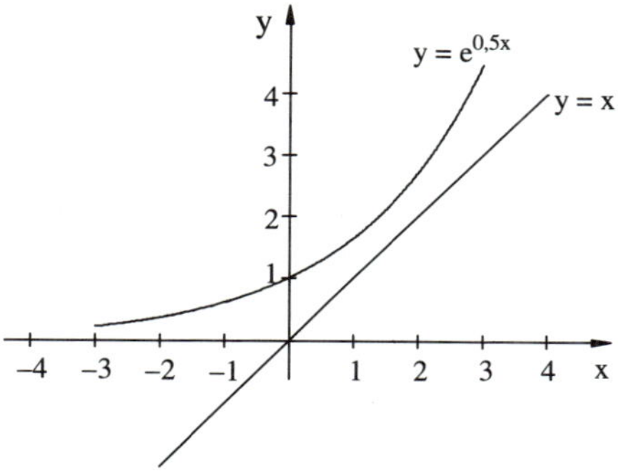

Wie kann der Kurvenpunkt zeichnerisch bestimmt werden? Wir verschieben die Gerade $y = x$ parallel zu sich selbst, bis sie die Kurve $y = e^{0,5x}$ berührt. Damit lautet der rechnerische Ansatz:

$f'(x_B) = 1$

Also:

$\frac{1}{2}e^{0,5x_B} = 1 \Leftrightarrow e^{0,5x_B} = 2 \Leftrightarrow 0{,}5x_B = \ln 2$

$\Leftrightarrow \quad x_B = 2\ln 2$

$y_B = e^{\frac{1}{2}\cdot 2\ln 2} = 2$

Der Kurvenpunkt $(2\ln 2 \mid 2)$ liegt der Geraden $y = x$ am nächsten.

47. Wir veranschaulichen das Problem zunächst geometrisch:

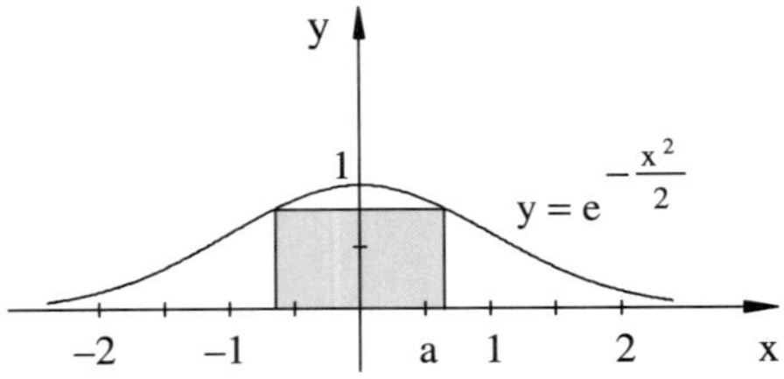

$$A(a) = 2a \cdot e^{-\frac{a^2}{2}};\ a > 0$$

$$A'(a) = 2\left[1 \cdot e^{-\frac{a^2}{2}} + a \cdot e^{-\frac{a^2}{2}} \cdot (-a)\right] = 2\left(e^{-\frac{a^2}{2}} - a^2\, e^{-\frac{a^2}{2}}\right) = 2\, e^{-\frac{a^2}{2}}(1 - a^2)$$

$$A'(a) = 0 \quad \Leftrightarrow \quad 1 - a^2 = 0 \quad \Leftrightarrow \quad a = 1$$

Aus der Zeichnung entnehmen wir, dass A(a) für $a \to 0$ und für $a \to \infty$ jeweils Null wird. Dazwischen muss A(a) einen maximalen Wert annehmen und dieser ist

$$A(1) = 2\, e^{-\frac{1}{2}} = \frac{2}{\sqrt{e}} = \frac{2\sqrt{e}}{e} \approx 1{,}2\ [\text{FE}]$$

48. Die Funktionskurve berührt die x-Achse an der Stelle x = 1, wenn gilt

$f(1) = 0$, also $(1 + a + b)\, e = 0$ (1)

und

$f'(1) = 0$ (2)

Mit $f'(x) = (2x + a)\, e^x + (x^2 + ax + b)\, e^x = e^x\, (x^2 + ax + 2x + a + b)$

wird

$f'(1) = e\,(1 + a + 2 + a + b) = e\,(3 + 2a + b)$

Wir erhalten damit die Bedingungsgleichungen:

$(1 + a + b)\, e = 0 \quad \Leftrightarrow \quad 1 + a + b = 0$ (1)

$(3 + 2a + b)\, e = 0 \quad \Leftrightarrow \quad 3 + 2a + b = 0$ (2)

Aus (1) $b = -a - 1$

In (2) $3 + 2a - a - 1 = 0 \quad \Leftrightarrow \quad a = -2$

$b = 1$

Also:

$f(x) = (x^2 - 2x + 1)\, e^x$

49. a) $f(x) = a x^3 + b x^2 + c x + d$

$f'(x) = 3a x^2 + 2b x + c$

$f''(x) = 6a x + 2b$

Es gelten die Bedingungsgleichungen:

$f(2) = 0,$ also $8a + 4b + 2c + d = 0$ (1)

$f(0,5) = 0,$ also $\frac{1}{8}a + \frac{1}{4}b + \frac{1}{2}c + d = 0$ (2)

$f''(0,5) = 0,$ also $3a + 2b = 0$ (3)

$f'(0,5) = -4,5,$ also $\frac{3}{4}a + b + c = -4,5$ (4)

Aus (3) $b = -\frac{3}{2}a$ (5)

In (4) $\frac{3}{4}a - \frac{3}{2}a + c = -4,5 \Leftrightarrow -\frac{3}{4}a + c = -\frac{9}{2}$

$\Leftrightarrow c = -\frac{9}{2} + \frac{3}{4}a$ (6)

(1)−(2) $\frac{63}{8}a + \frac{15}{4}b + \frac{3}{2}c = 0 \quad |\cdot 8$

$\Leftrightarrow 63a + 30b + 12c = 0$

Darin (5) und (6) eingesetzt:

$$63a + 30\left(-\frac{3}{2}a\right) + 12\left(-\frac{9}{2} + \frac{3}{4}a\right) = 0$$

$$\Leftrightarrow \quad 63a - 45a - 54 + 9a = 0$$

$$\Leftrightarrow \quad 27a - 54 = 0 \Leftrightarrow a = 2$$

Damit wird: $b = -3;\ c = -\frac{9}{2} + \frac{3}{2} = -3;$

$d = -16 + 12 + 6 = 2$

Also:

$f(x) = 2x^3 - 3x^2 - 3x + 2$

b) Nullstellen:

Zwei Nullstellen kennen wir bereits: $x = 2$ und $x = 0,5$. Also gilt:

$f(x) = 2x^3 - 3x^2 - 3x + 2 = (x - 2)(x - 0,5) \cdot p(x)$

$= (x^2 - 2,5x + 1) \cdot p(x)$

Das Polynom p(x) finden wir durch Division:

$$(2x^3 - 3x^2 - 3x + 2) : (x^2 - 2,5x + 1) = 2x + 2$$

$$\underline{-(2x^3 - 5x^2 + 2x)}$$

$$2x^2 - 5x + 2$$

$$\underline{-(2x^2 - 5x + 2)}$$

$$0 + 0 + 0$$

Ergebnis: $f(x) = (x - 2)(x - 0,5) \cdot 2(x + 1)$

Die dritte Nullstelle heißt −1.

Extrempunkte:

$f'(x) = 6x^2 - 6x - 3 = 3(2x^2 - 2x - 1)$

$f''(x) = 12x - 6$

$f'(x) = 0$, wo $2x^2 - 2x - 1 = 0$

$\Leftrightarrow \quad x = \frac{2 + \sqrt{4+8}}{4} \quad \vee \quad x = \frac{2 - 2\sqrt{3}}{4}$

$\Leftrightarrow \quad x = \frac{1}{2}(1 + \sqrt{3}) \quad \vee \quad x = \frac{1}{2}(1 - \sqrt{3})$

$f''\left(\frac{1}{2}(1+\sqrt{3})\right) > 0 \quad \Rightarrow$ Tiefpunkt in $(\approx 1{,}4 \mid \approx -2{,}6)$

$f''\left(\frac{1}{2}(1-\sqrt{3})\right) < 0 \quad \Rightarrow$ Hochpunkt in $(\approx -0{,}4 \mid \approx 2{,}6)$

Graph:

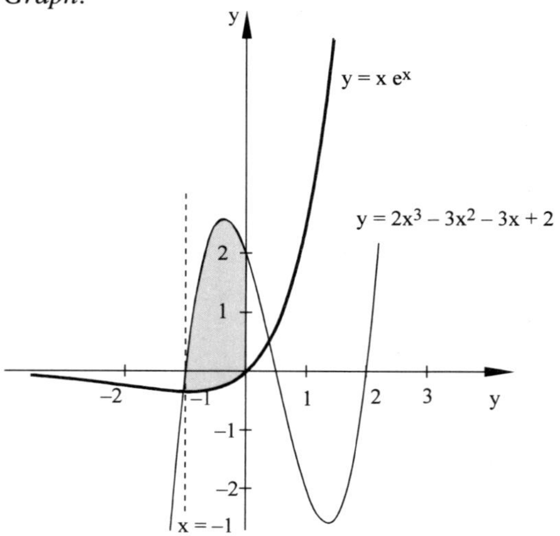

c) $g(x) \ = x\, e^x;\ x \in \mathbb{R}$

$g'(x) \ = 1\, e^x + x \cdot e^x = (1 + x)\, e^x$

$g''(x) = 1 \cdot e^x + (1 + x)\, e^x = (2 + x)\, e^x$

$g'''(x) = 1 \cdot e^x + (2 + x)\, e^x = (3 + x)\, e^x$

Nullstelle:

$g(x) = 0$, wo $x = 0$

Extrempunkte:

$g'(x) = 0$, wo $1 + x = 0 \Leftrightarrow x = -1$

$\Leftrightarrow y = -\frac{1}{e}$

$g''(x) = \frac{1}{e} > 0 \Rightarrow$ Tiefpunkt in $\left(-1\middle|-\frac{1}{e}\right)$

Verhalten für $|x| \to \infty$:

$\lim\limits_{x\to\infty} x\,e^{x} = \infty$

$\lim\limits_{x\to-\infty} x\,e^{x} = \lim\limits_{x\to+\infty} -x\,e^{-x} = \lim\limits_{x\to+\infty} \frac{-x}{e^{x}} = 0$

d) $F(x) = e^{x}(x-1)$

$F'(x) = e^{x}(x-1) + e^{x}\cdot 1 = e^{x}\cdot x = f(x)$

$$A = \left|\int_{-1}^{0} x\,e^{x}\,dx\right| + \int_{-1}^{0} (2x^3 - 3x^2 - 3x + 2)\,dx$$

$$= \left|[e^{x}(x-1)]_{-1}^{0}\right| + \left[\frac{1}{2}x^4 - x^3 - \frac{3}{2}x^2 + 2x\right]_{-1}^{0}$$

$$= \left|-1 - [e^{-1}(-2)]\right| + 0 - \left(\frac{1}{2} + 1 - \frac{3}{2} - 2\right)$$

$$= \left|-1 + \frac{2}{e}\right| + 2 = \left|\frac{-e+2}{e}\right| + 2$$

$$= \left|\frac{2-e}{e}\right| + 2 = \left|\frac{2}{e} - 1\right| + 2$$

$$\approx 2{,}26 \text{ [FE]}$$

50. $m(t) = m(0)\cdot e^{-\lambda\cdot t}$

a) Mit $m(3a) = 0{,}6$ mg, $m(0) = 1$ mg, $t = 3a$ wird

$0{,}6 = 1\cdot e^{-\lambda\cdot 3a}$

$\Leftrightarrow 0{,}6 = e^{-\lambda\cdot 3a} \quad \Leftrightarrow \ln 0{,}6 = -\lambda\cdot 3a$

$\Leftrightarrow \lambda = -\frac{\ln 0{,}6}{3a} = 0{,}17\,a^{-1}$

b) $0{,}1\ \text{mg} = 1\ \text{mg}\ e^{-0{,}17a^{-1}\cdot t}$

$$\Leftrightarrow \quad 0{,}1 = e^{-0{,}17a^{-1}\cdot t}$$

$$\Leftrightarrow \quad \ln 0{,}1 = -0{,}17a^{-1}\cdot t$$

$$\Leftrightarrow \quad t = \frac{\ln 0{,}1}{-0{,}17}a \approx 13{,}5a$$

51. $m(t) = m(0)\ e^{-\lambda\cdot t}$

Mit $t = T_H$ wird

$$\frac{m(0)}{2} = m(0)\,e^{-\lambda\cdot T_H}$$

$$\Leftrightarrow \quad \frac{1}{2} = e^{-\lambda\cdot T_H} \qquad \Leftrightarrow \quad -\ln 2 = -\lambda\cdot T_H$$

$$\Leftrightarrow \quad \lambda = \frac{\ln 2}{T_H}$$

Mit $T_H = 5760$ a wird $\lambda \approx 0{,}00012\ a^{-1}$.

a) Alter der Holzreste:

$m(t) = 0{,}145\ m(0)$

Also:

$$0{,}145\,m(0) = m(0)\,e^{-0{,}00012\,a^{-1}\cdot t}$$

$$\Leftrightarrow \quad 0{,}145 = e^{-0{,}00012\,a^{-1}\cdot t}$$

$$\Leftrightarrow \quad \ln 0{,}145 = -0{,}00012\,a^{-1}\cdot t$$

$$\Leftrightarrow \quad t = \frac{-\ln 0{,}145}{0{,}00012}\,a \approx 16\,090\ a$$

b) „Reichweite“ der C-14-Methode:

$$0{,}01 = e^{-0{,}00012\,a^{-1}\cdot t}$$

$$\Leftrightarrow \quad t = \frac{-\ln 0{,}01}{0{,}00012}\,a \approx 38\,400\ a$$

Es kann ein Alter bis 38 000 Jahre bestimmt werden.

52. a) $f(x) = \ln(2 + x)$

Aus $2 + x > 0 \ \Leftrightarrow\ x > -2$ folgt $D_{max} =]-2; \infty[$

b) $f(x) = \ln(x^2 + 1)$

Aus $x^2 + 1 > 0$ für alle $x \in \mathbb{R}$ folgt $D_{max} = \mathbb{R}$

c) $f(x) = x \cdot \ln x^2$; $\qquad D_{max} = \mathbb{R} \setminus \{0\}$

d) $f(x) = (1 - \ln x) \ln x$; $D_{max} = \mathbb{R}^+$

e) $f(x) = x (\ln x)^2$; $D_{max} = \mathbb{R}^+$

f) $f(x) = x^2 (\ln x - 2)$; $D_{max} = \mathbb{R}^+$

53. a) $f(x) = \ln 4x$; $D_{max} = \mathbb{R}^+$

$$f'(x) = -\frac{1}{4x} \cdot 4 = \frac{1}{x}$$

$$f''(x) = -\frac{1}{x^2}$$

b) $f(x) = \ln x^4$; $D_{max} = \mathbb{R} \setminus \{0\}$

$$f'(x) = -\frac{1}{x^4} \cdot 4x^3 = \frac{4}{x}$$

$$f''(x) = -\frac{4}{x^2}$$

c) $f(x) = x^2 \ln x$; $D_{max} = \mathbb{R}^+$

$$f'(x) = 2x \ln x + x^2 \cdot \frac{1}{x} = 2x \ln x + x$$

$$f''(x) = 2 \ln x + 2x \cdot \frac{1}{x} + 1 = 2 \ln x + 3$$

d) $f(x) = \frac{x}{\ln x}$; $D_{max} = \mathbb{R}^+ \setminus \{1\}$

$$f'(x) = \frac{1 \cdot \ln x - x \cdot \frac{1}{x}}{(\ln x)^2} = \frac{\ln x - 1}{(\ln x)^2}$$

$$f''(x) = \frac{\frac{1}{x} \cdot (\ln x)^2 - (\ln x - 1) \cdot 2(\ln x) \cdot \frac{1}{x}}{(\ln x)^4}$$

$$= \frac{\frac{1}{x} \ln x \,[\ln x - 2 \ln x + 2]}{(\ln x)^4} = \frac{-\ln x + 2}{x (\ln x)^3}$$

e) $f(x) = \ln \sqrt{x}$; $x \in \mathbb{R}^+$

$$f'(x) = \frac{1}{\sqrt{x}} \cdot \frac{1}{2\sqrt{x}} = \frac{1}{2x}$$

$$f''(x) = -\frac{1}{2x^2}$$

f) $f(x) = \frac{1}{x}(\ln x + 1);\ D_{max} = \mathbb{R}^+$

$f'(x) = -\frac{1}{x^2}(\ln x + 1) + \frac{1}{x} \cdot \frac{1}{x} = -\frac{1}{x^2} \ln x - \frac{1}{x^2} + \frac{1}{x^2} = -\frac{1}{x^2} \ln x$

$f''(x) = \frac{2}{x^3} \ln x - \frac{1}{x^2} \cdot \frac{1}{x} = \frac{2}{x^3} \ln x - \frac{1}{x^3} = \frac{1}{x^3}(2 \ln x - 1)$

54. a) $x(\ln x)^2 - x = 0 \quad \wedge \quad x \in \mathbb{R}^+$

$\Leftrightarrow \quad x[(\ln x)^2 - 1)] = 0$

$\Leftrightarrow \quad (\ln x)^2 = 1 \Leftrightarrow \ln x = 1 \vee \ln x = -1$

$\Leftrightarrow \quad \Leftrightarrow \quad x = e \vee \quad x = e^{-1}$

$L = \left\{e; \frac{1}{e}\right\}$

b) $(\ln x)^2 + 2 \ln x = 0 \quad \wedge \quad x \in \mathbb{R}^+$

$\Leftrightarrow \quad \ln x(\ln x + 2) = 0$

$\Leftrightarrow \quad \ln x = 0 \vee \ln x + 2 = 0$

$\Leftrightarrow \quad x = 1 \vee \quad x = e^{-2}$

$L = \{1; e^{-2}\}$

55. a) $\ln \frac{1}{e} + \ln \frac{1}{\sqrt{e}} + \ln e^2 = \ln 1 - \ln e + \ln 1 - \ln \sqrt{e} + 2 \ln e$

$= 0 - 1 + 0 - \frac{1}{2} \ln e + 2 = -1 - \frac{1}{2} + 2 = \frac{1}{2}$

b) $2 \ln ax \cdot \ln x - \ln e^2 \cdot \ln \frac{e}{a} - (\ln x)^2 + \left(\ln \frac{e}{a}\right)^2 =$

$= 2(\ln a + \ln x) \cdot \ln x - 2 \ln e(\ln e - \ln a) - (\ln x)^2 + (\ln e - \ln a)^2$

$= 2 \ln a \cdot \ln x + 2(\ln x)^2 - 2(1 - \ln a) - (\ln x)^2 + (1 - \ln a)^2$

$= 2 \ln a \cdot \ln x + (\ln x)^2 - 2 + 2 \ln a + 1 - 2 \ln a + (\ln a)^2$

$= 2 \ln a \cdot \ln x + (\ln x)^2 - 1 + (\ln a)^2 = (\ln a + \ln x)^2 - 1 = [\ln(ax)]^2 - 1$

56. a) $f(x) = \ln(2x);\ x \in \mathbb{R}^+$

x	0,25	0,5	1	2	3
y = ln (2x)	−0,7	0	0,7	1,4	1,8

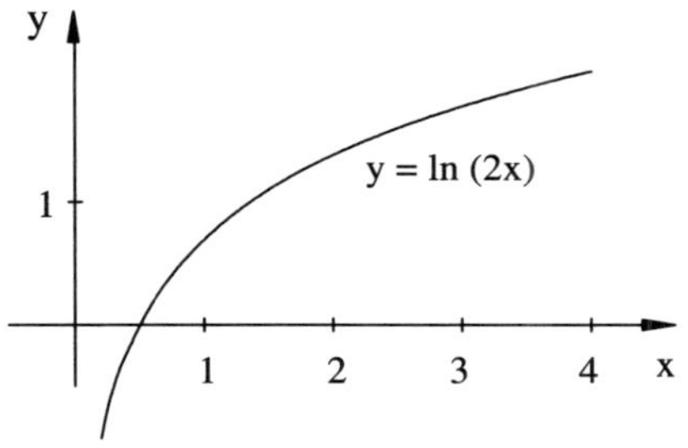

b) $f(x) = \ln\left(\frac{x}{2}+1\right);\ x > -2$

Aus $\frac{x}{2} + 1 + > 0 \Leftrightarrow x > -2$ folgt $D_{max} =]-2; \infty[$

x	−1,5	−1	−0,5	0	0,5	1
$y = \ln\left(\frac{x}{2}+1\right)$	−1,4	−0,7	−0,3	0	0,2	0,4

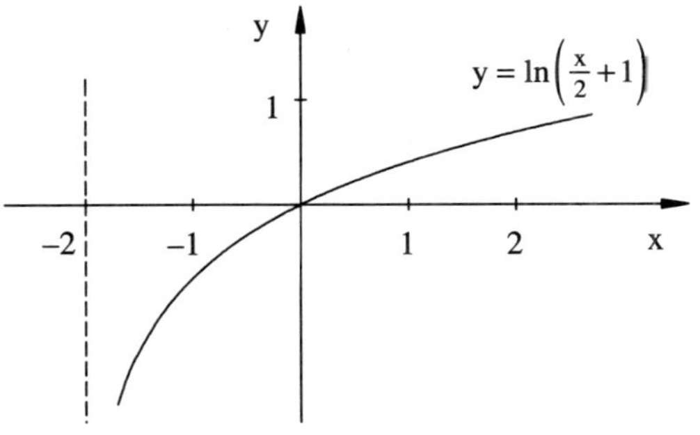

c) $f(x) = \ln(1 - 2x);\ x < \frac{1}{2}$

Aus $1 - 2x > 0 \Leftrightarrow 2x < 1$ folgt $x < \frac{1}{2}$ folgt $D_{max} =]-\infty; 0{,}5[$

x	0,25	0	−0,25	−0,5	−1	−2
y = ln (1 − 2x)	−0,7	0	0,4	0,7	1,1	1,6

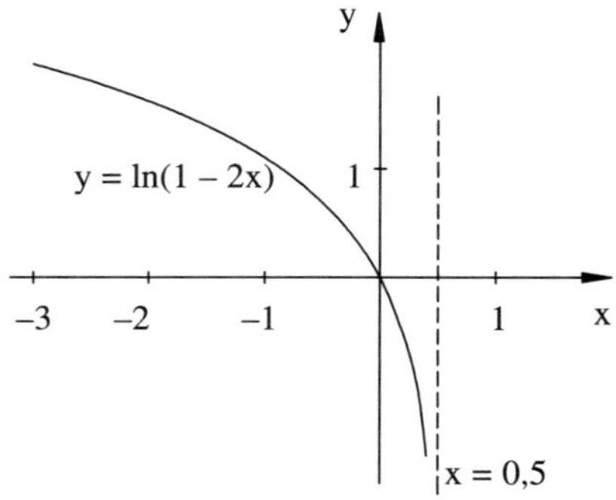

d) $f(x) = \ln\left(1 - \frac{x}{4}\right)$

Aus $1 - \frac{x}{4} > 0 \Leftrightarrow 1 > \frac{x}{4} \Leftrightarrow x < 4$ folgt $D_{max} =]-\infty; 4[$

x	3	2	1	0	−1	−2	− 4
$y = \ln\left(1 - \frac{x}{4}\right)$	−1,4	−0,7	−0,3	0	0,2	0,4	0,7

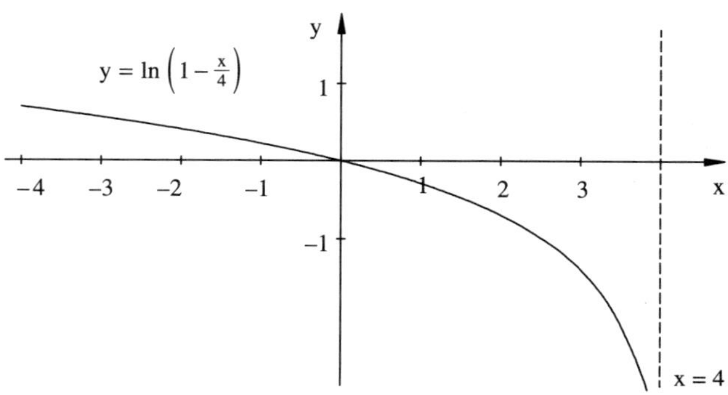

57. $y = \ln\left(\frac{1}{x}\right) = \ln 1 - \ln x = -\ln x$

$y = \ln\left(\frac{2}{x}\right) = \ln 2 - \ln x = -\ln x + \ln 2$

$y = \ln\left(\frac{3}{x}\right) = -\ln x + \ln 3$

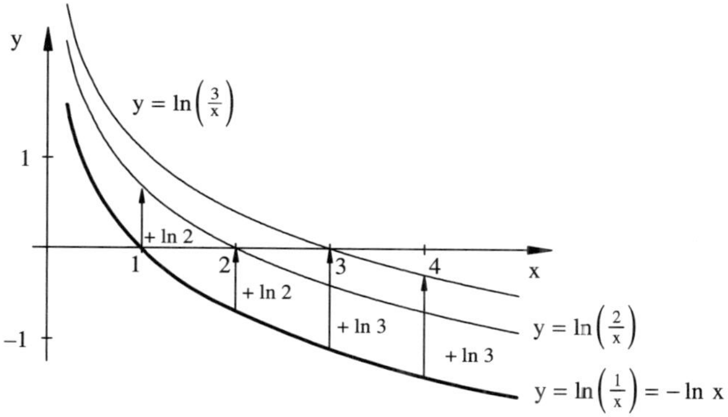

Die Graphen gehen durch Parallelverschiebung längs der y-Achse auseinander hervor. Alle drei Funktionen stimmen in ihren Ableitungen überein.

58. a) $f(x) = \ln\left(\frac{x}{3}\right);\ x \in \mathbb{R}^+$

$f'(x) = \frac{1}{\frac{x}{3}} \cdot \frac{1}{3} = \frac{1}{x}$

Nullstelle: $f(x) = 0 \iff \ln\left(\frac{x}{3}\right) = 0 \iff x = 3$

Gleichung der Tangente im Kurvenpunkt $(x_0 \mid y_0)$:
$y = m\,(x - x_0) + y_0$
Mit $m = f'(3) = \frac{1}{3}$ und $x_0 = 3$, $y_0 = 0$ wird:

$y = \frac{1}{3}(x-3) = \frac{1}{3}x - 1$

b) Aus $\ln\left(\frac{x}{3}\right) = 3$ folgt $\frac{x}{3} = e^3 \iff x = 3\,e^3$

$f'(3\,e^3) = \frac{1}{3\,e^3}$

Gleichung der Tangente im Berührpunkt $(3\,e^3 | 3)$:

$$y = \frac{1}{3e^3}(x - 3e^3) + 3$$
$$\Leftrightarrow\ y = \frac{1}{3e^3}x - 1 + 3$$
$$\Leftrightarrow\ y = \frac{1}{3e^3}x + 2$$

59. $f'(x) = \frac{1}{x+2}$; $g'(x) = 2x$

Also:

$$\frac{1}{x+2} = 2x \ \Leftrightarrow\ 1 = 2x^2 + 4x$$
$$\Leftrightarrow\ 2x^2 + 4x - 1 = 0$$
$$\Leftrightarrow\ x = \frac{-4+\sqrt{16+8}}{4} \ \vee\ x = \frac{-4-\sqrt{24}}{4}$$
$$\Leftrightarrow\ x = \frac{-4+2\sqrt{6}}{4} \ \vee\ x = \frac{-4-2\sqrt{6}}{4}$$
$$\Leftrightarrow\ x = -1+\tfrac{1}{2}\sqrt{6} \ \vee\ x = -1-\tfrac{1}{2}\sqrt{6}$$

Da ln (x + 2) nur für $x > -2$ definiert ist, kommt nur die Lösung $x = -1+\frac{1}{2}\sqrt{6}$ in Frage.

An der Stelle $x = -1+\frac{1}{2}\sqrt{6} \approx 0{,}2$ haben beide Kurven dieselbe Steigung.

60. Im Berührpunkt muss gelten:

$\ln(2x-1) = x^2 - 1 \quad \wedge \quad x > \frac{1}{2}$ (1)

und

$\frac{2}{2x-1} = 2x \quad \wedge \quad x > \frac{1}{2}$ (2)

Aus (2) $1 = 2x^2 - x \ \Leftrightarrow\ 2x^2 - x - 1 = 0$

$\Leftrightarrow\ x = \frac{1+\sqrt{1+8}}{4}$

$\Leftrightarrow\ x = 1$

In (1) $\ln(2-1) = 1 - 1$ (w)

Die Graphen berühren einander im Punkt $(1 | 0)$.

61. a) $f(x) = x \cdot \ln x;\ x > 0$

$$f(x) = 0 \Leftrightarrow x \cdot \ln x = 0 \wedge x > 0$$
$$\Leftrightarrow \quad x = 1$$

Nullstelle: 1

b) $f(x) = x^2 (\ln x - 1);\ x > 0$

$$f(x) = 0 \Leftrightarrow x^2 (\ln x - 1) = 0 \wedge x > 0$$
$$\Leftrightarrow \quad \ln x = 1$$
$$\Leftrightarrow \quad x = e$$

Nullstelle: e

c) $f(x) = (\ln x)^2;\ x > 0$

$$f(x) = 0 \Leftrightarrow (\ln x)^2 = 0 \wedge x > 0$$
$$\Leftrightarrow \quad x = 1$$

Nullstelle: 1

d) $f(x) = x \ln \sqrt{x};\ x > 0$

$$f(x) = 0 \Leftrightarrow x \ln \sqrt{x} = 0 \wedge x > 0$$
$$\Leftrightarrow \ln \sqrt{x} = 0 \Leftrightarrow x = 1$$

Nullstelle: 1

e) $f(x) = (x^2 - 4) \ln x;\ x > 0$

$$f(x) = 0 \Leftrightarrow (x^2 - 4) \ln x = 0 \quad \wedge \quad x > 0$$
$$\Leftrightarrow \quad x^2 - 4 = 0 \quad \vee \ \ln x = 0$$
$$\Leftrightarrow \quad x = 2 \ \vee \ (x = -2) \ \vee \quad x = 1$$

Nullstellen: 1; 2

62. a) $f(x) = x(1 - \ln x);\ x \in \mathbb{R}^+$

$$f'(x) = 1 \cdot (1 - \ln x) + x\left(-\tfrac{1}{x}\right) = 1 - \ln x - 1 = -\ln x$$
$$f''(x) = -\tfrac{1}{x}$$
$$f'(x) = 0 \Leftrightarrow -\ln x = 0 \Leftrightarrow x = 1$$
$$f''(1) = -1 < 0 \Rightarrow \text{relatives Maximum}$$

Mit $f(1) = 1$ folgt Hochpunkt in $(1 \mid 1)$.

b) $f(x) = x^2 - 2\ln x;\ x \in \mathbb{R}^+$

$f'(x) = 2x - \frac{2}{x}$

$f''(x) = 2 + \frac{2}{x^2}$

$f'(x) = 0 \Leftrightarrow 2x - \frac{2}{x} = 0 \quad |\cdot x$

$\Leftrightarrow 2x^2 - 2 = 0$

$\Leftrightarrow x^2 = 1 \Leftrightarrow x = 1$

$f''(1) = 4 > 0 \Rightarrow$ relatives Minimum

Mit f(1) = 1 folgt Tiefpunkt (1 | 1).

63. a) $f(x) = x^2(\ln x - 2);\ x \in \mathbb{R}^+$

$f(x) = 0 \Leftrightarrow x^2(\ln x - 2) = 0 \ \wedge\ x > 0$

$\Leftrightarrow \ln x - 2 = 0$

$\Leftrightarrow \ln x = 2 \Leftrightarrow x = e^2$

Nullstelle: e^2

$f'(x) = 2x(\ln x - 2) + x^2 \cdot \frac{1}{x} = 2x \cdot \ln x - 4x + x$

$= 2x\ln x - 3x = x(2\ln x - 3)$

$f'(x) = 0 \Leftrightarrow x(2\ln x - 3) = 0 \ \wedge\ x > 0$

$\Leftrightarrow \ln x = \frac{3}{2}$

$\Leftrightarrow x = e^{\frac{3}{2}}$

$f\left(e^{\frac{3}{2}}\right) = e^3\left(\frac{3}{2} - 2\right) = e^3 \cdot \left(-\frac{1}{2}\right) = -\frac{e^3}{2}$

Tiefpunkt: $\left(e^{\frac{3}{2}} \approx 4{,}5 \middle| -\frac{e^3}{2} \approx -10\right)$

$f''(x) = 1 \cdot (2\ln x - 3) + x \cdot 2 \cdot \frac{1}{x} = 2\ln x - 3 + 2 = 2\ln x - 1$

$f''(x) = 0 \Leftrightarrow 2\ln x - 1 = 0 \Leftrightarrow \ln x = \frac{1}{2}$

$\Leftrightarrow x = e^{\frac{1}{2}} = \sqrt{e}$

$f(\sqrt{e}) = e\left(\frac{1}{2} - 2\right) = -\frac{3}{2}e$

Wendepunkt: $\left(\sqrt{e} \approx 1{,}6 \middle| -\frac{3}{2}e \approx -4\right)$

b) $f(x) = \ln(1-x^2);\ x \in]-1;1[$

$f(x) = 0 \Leftrightarrow \ln(1-x^2) = 0$

$\Leftrightarrow \quad 1-x^2 = 1 \Leftrightarrow x = 0$

Nullstelle: 0

$f'(x) = \frac{1}{1-x^2} \cdot (-2x) = \frac{-2x}{1-x^2}$

$f'(x) = 0 \Leftrightarrow -2x = 0 \Leftrightarrow x = 0 \Rightarrow$ Hochpunkt in $(0|0)$

$f''(x) = \frac{-2(1-x^2)+2x(-2x)}{(1-x^2)^2} = \frac{-2+2x^2-4x^2}{(1-x^2)^2} = \frac{-2-2x^2}{(1-x^2)^2}$

$= \frac{-2(1+x^2)}{(1-x^2)^2} \neq 0$ für alle $x \in]-1;1[$

Der Graph von f hat keinen Wendepunkt.

64. a) $\int_1^2 -\frac{2}{x}\,dx = -2[\ln|x|]_1^2 = -2(\ln 2 - \ln 1) = -2\ln 2$

b) $\int_{-2}^{-1}\left(x-\frac{1}{x}\right)dx = \left[\frac{x^2}{2} - \ln|x|\right]_{-2}^{-1} = \frac{1}{2} - \ln|-1| - (2 - \ln|-2|)$

$= \frac{1}{2} - 2 + \ln 2 = -1{,}5 + \ln 2$

c) $\int_{-2}^{-1}\left(\frac{1}{x} + x^2 - 2{,}25\right)dx = \left[\ln|x| + \frac{x^3}{3} - 2{,}25x\right]_{-2}^{-1}$

$= \ln|-1| - \frac{1}{3} + 2{,}25 - \left(\ln|-2| - \frac{8}{3} + 4{,}5\right)$

$= -\frac{1}{3} + 2{,}25 - \ln 2 + \frac{8}{3} - 4{,}5$

$= -2{,}25 + \frac{7}{3} - \ln 2 = -2\frac{1}{4} + \frac{7}{3} - \ln 2$

$= \frac{-27+28}{12} - \ln 2 = \frac{1}{12} - \ln 2$

d) $$-\int_{-2}^{-1}\frac{1}{2x}\,dx+\int_{-2}^{-1}\frac{1}{2}x\,dx=-\frac{1}{2}\int_{-2}^{-1}\frac{1}{x}\,dx+\frac{1}{2}\int_{-2}^{-1}x\,dx$$
$$=-\frac{1}{2}[\ln|x|]_{-2}^{-1}+\frac{1}{2}\left[\frac{x^2}{2}\right]_{-2}^{-1}$$
$$=-\frac{1}{2}(\ln|-1|-\ln|-2|)+\frac{1}{2}\left(\frac{1}{2}-2\right)$$
$$=-\frac{1}{2}(-\ln 2)+\frac{1}{2}\left(-\frac{3}{2}\right)=\frac{1}{2}\ln 2-\frac{3}{4}$$

65. a) Wir berechnen zunächst die Schnittstelle beider Graphen:

$$\frac{2}{x}=x \quad \wedge\ x>0$$
$$\Leftrightarrow\ 2=x^2$$
$$\Leftrightarrow\ x=\sqrt{2}$$

Also:

$$A=\int_0^{\sqrt{2}}x\,dx+\int_{\sqrt{2}}^{4}\frac{2}{x}\,dx=\left[\frac{x^2}{2}\right]_0^{\sqrt{2}}+2[\ln x]_{\sqrt{2}}^{4}$$
$$=1+2\,(\ln 4-\ln\sqrt{2})=1+2\cdot\ln\frac{4}{\sqrt{2}}$$
$$=1+2\cdot\ln 2\sqrt{2}=1+\ln(2\sqrt{2})^2$$
$$=1+\ln 8=1+3\ln 2\approx 3{,}1$$

b) $$A=\int_1^4\left(\ln x+\frac{1}{x}-\ln x\right)dx=\int_1^4\frac{1}{x}\,dx=[\ln x]_1^4=\ln 4=2\ln 2\approx 1{,}4$$

66. Wir bestimmen zunächst die Schnittstellen beider Graphen:

$$-\tfrac{7}{4}x+4=\tfrac{1}{x} \quad \wedge \quad x>0$$

$$\Leftrightarrow \quad -\tfrac{7}{4}x^2+4x-1=0$$

$$\Leftrightarrow \quad x=\frac{-4+\sqrt{16-7}}{-\tfrac{7}{2}} \quad \vee \quad x=\frac{-4-3}{-\tfrac{7}{2}}$$

$$\Leftrightarrow \quad x=\tfrac{2}{7} \quad \vee \quad x=2$$

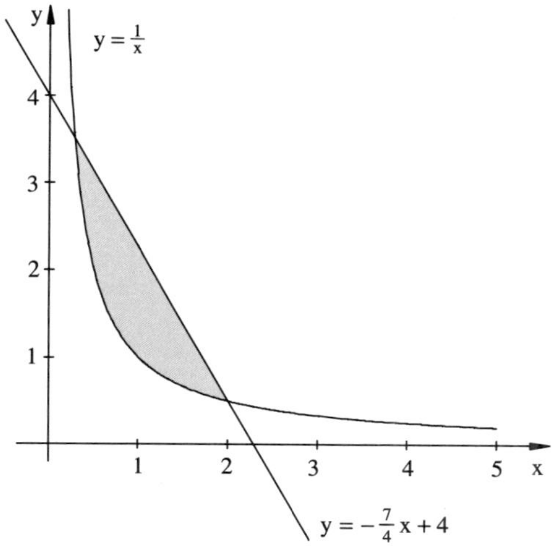

$$A=\int_{\frac{2}{7}}^{2}\left(-\tfrac{7}{4}x+4-\tfrac{1}{x}\right)dx=\left[-\tfrac{7}{4}\tfrac{x^2}{2}+4x-\ln x\right]_{\frac{2}{7}}^{2}$$

$$=-\tfrac{7}{2}+8-\ln 2-\left(-\tfrac{1}{14}+\tfrac{8}{7}-\ln\tfrac{2}{7}\right)=4{,}5-\ln 2-\tfrac{15}{14}+\ln\tfrac{2}{7}$$

$$=4{,}5-\tfrac{15}{14}-\ln 2+\ln 2-\ln 7=\frac{63-15}{14}-\ln 7$$

$$=\tfrac{24}{7}-\ln 7\approx 1{,}5 \text{ [FE]}$$

67. Wir stellen den Sachverhalt in einer Zeichnung dar und berechnen die Schnittstelle beider Graphen:

$$3x = \frac{3}{x} \quad | \cdot x$$
$$\Leftrightarrow 3x^2 = 3$$
$$\Leftrightarrow x^2 = 1$$
$$\Leftrightarrow x = 1 \lor x = -1$$

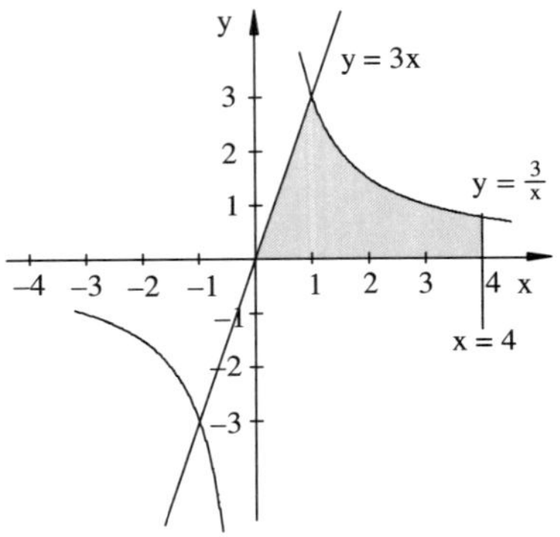

$$A = \int_0^1 3x\,dx + \int_1^4 \frac{3}{x}\,dx = 3\left[\frac{x^2}{2}\right]_0^1 + 3\,[\ln x]_1^4 = 3 \cdot \frac{1}{2} + 3\,(\ln 4 - \ln 1)$$
$$= 1{,}5 + 3\ln 4 = 1{,}5 + 6\ln 2 \approx 5{,}7\,[\text{FE}]$$

68. a) *Nullstelle*:

$$f(x) = 0 \Leftrightarrow x^2(1 - \ln x) = 0 \quad \land \quad x > 0$$
$$\Leftrightarrow 1 - \ln x = 0$$
$$\Leftrightarrow x = e$$

Nullstelle: e

Extrempunkt:

$$f'(x) = 2x(1 - \ln x) + x^2 \cdot \left(-\frac{1}{x}\right)$$
$$= 2x - 2x\ln x - x$$
$$= x - 2x\ln x$$

$$
\begin{aligned}
f'(x) = 0 \quad &\Leftrightarrow \quad x(1-2\ln x) = 0 \ \wedge \ x > 0\\
&\Leftrightarrow \quad 2\ln x = 1\\
&\Leftrightarrow \quad \ln x = \tfrac{1}{2}\\
&\Leftrightarrow \quad x = e^{0,5}
\end{aligned}
$$

Mit $f(e^{0,5}) = e\left(1-\frac{1}{2}\right) = \frac{1}{2}e$ folgt Hochpunkt $(e^{0,5} \mid 0{,}5e)$.

Hinweis: Die Existenz des Hochpuntkes kann aufgrund der Zeichnung als gegeben vorausgesetzt werden.

b) *Nullstelle*:

$$
\begin{aligned}
f(x) = 0 \quad &\Leftrightarrow \quad x^3(1-\ln x) = 0 \ \wedge \ x > 0\\
&\Leftrightarrow \quad 1-\ln x = 0\\
&\Leftrightarrow \quad x = e
\end{aligned}
$$

Nullstelle: e

Extrempunkt:

$$
\begin{aligned}
f'(x) &= 3x^2(1-\ln x) + x^3\cdot\left(-\tfrac{1}{x}\right)\\
&= 3x^2 - 3x^2\ln x - x^2 = 2x^2 - 3x^2\ln x\\
&= x^2(2-3\ln x)
\end{aligned}
$$

$$
\begin{aligned}
f'(x) = 0 \quad &\Leftrightarrow \quad x^2(2-3\ln x) = 0 \ \wedge \ x > 0\\
&\Leftrightarrow \quad \ln x = \tfrac{2}{3}\\
&\Leftrightarrow \quad x = e^{\frac{2}{3}}
\end{aligned}
$$

Mit $f\left(e^{\frac{2}{3}}\right) = e^2\left(1-\frac{2}{3}\right) = \frac{1}{3}e^2$ folgt Hochpunkt $\left(e^{\frac{2}{3}} \,\middle|\, \frac{1}{3}e^2\right)$.

Hinweis: Die Existenz des Hochpunktes kann aufgrund der Zeichnung als gegeben vorausgesetzt werden.

69. $f(x) = 2x\sqrt{x} - 3\ln x + 6;\ x \in \mathbb{R}^+$

$$
\begin{aligned}
f'(x) &= 2\left(\sqrt{x} + x\cdot\frac{1}{2\sqrt{x}}\right) - 3\cdot\frac{1}{x} = 2\sqrt{x} + \frac{x\sqrt{x}}{\sqrt{x}\sqrt{x}} - \frac{3}{x}\\
&= 2\sqrt{x} + \sqrt{x} - \frac{3}{x} = 3\sqrt{x} - \frac{3}{x} = 3\left(\sqrt{x} - \frac{1}{x}\right)
\end{aligned}
$$

$$
\begin{aligned}
f'(x) = 0 \quad &\Leftrightarrow \quad \sqrt{x} - \frac{1}{x} = 0 \ \wedge \ x > 0\\
&\Leftrightarrow \quad \sqrt{x} = \frac{1}{x}\\
&\Leftrightarrow \quad x = \frac{1}{x^2} \quad \Leftrightarrow \quad x^3 = 1 \quad \Leftrightarrow \quad x = 1
\end{aligned}
$$

Durch die Nullstelle $x = 1$ wird der Definitionsbereich $D_f = \mathbb{R}^+$ in zwei Teilbereiche unterteilt, in denen $f'(x)$ jeweils einheitliches Vorzeichen hat. Die Vorzeichenaussage über $f'(x)$ ist jeweils durch ein Zahlenbeispiel möglich. Wir stellen die Ergebnisse in einer Tabelle zusammen:

Bereich	**Zahlenbeispiel**	**Aussage über f '(x)**	**Monotonie-aussage**
$0 < x < 1$	$f'(0{,}5) \approx -3{,}9 < 0$	$f'(x) < 0$	f streng monoton abnehmend
$1 < x < \infty$	$f'(2) \approx 2{,}7 > 0$	$f'(x) > 0$	f streng monoton zunehmend

Aus dem Monotonieverhalten folgt, dass f an der Stelle $x = 1$ ein relatives Minimum hat.
Mit $f(1) = 2 + 6 = 8$ folgt Tiefpunkt $(1 \mid 8)$.

70. $f(x) = \ln\sqrt{1-x^2}$ mit $x \in D_f$

a) Aus $1 - x^2 > 0 \Leftrightarrow x^2 < 1 \Leftrightarrow -1 < x < 1$ folgt $D_f =]-1; 1[$.

b) $f'(x) = \frac{1}{\sqrt{1-x^2}} \cdot \frac{1}{2\sqrt{1-x^2}} \cdot (-2x) = \frac{-x}{1-x^2}$

Das Vorzeichen von $f'(x)$ hängt nur vom Term $(-x)$ ab, da $1 - x^2 > 0$ für alle $x \in D_f$. Also:

$$\left.\begin{matrix} f'(x) > 0 \text{ für } -1 < x < 0 \\ f'(x) < 0 \text{ für } \quad 0 < x < 1 \end{matrix}\right\} \Rightarrow \text{relatives Maximum an der Stelle } x = 0.$$

Mit $f(0) = 0$ folgt Hochpunkt $(0 \mid 0)$.

c) $f(-x) = \ln\sqrt{1-(-x)^2} = f(x)$

Der Graph von f ist achsensymmetrisch zur y-Achse.

d)

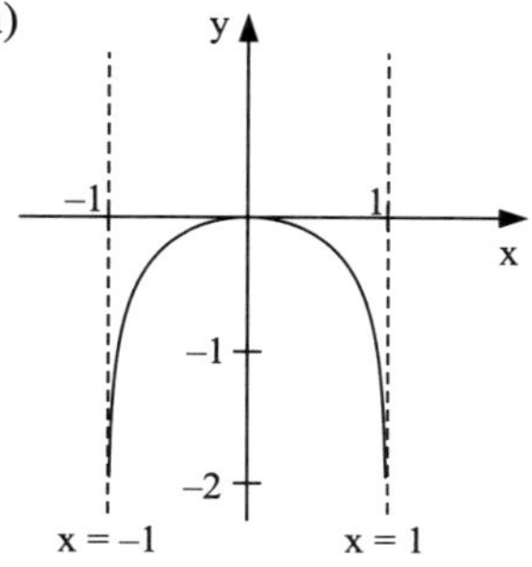

71. a) $f(x) = x^2 (\ln x - 1); x \in \mathbb{R}^+$

Nullstelle:

$$f(x) = 0 \Leftrightarrow \ln x - 1 = 0 \wedge x > 0$$
$$\Leftrightarrow x = e$$

Nullstelle: e

Extrempunkte:

$$f'(x) = 2x(\ln x - 1) + x^2 \cdot \left(\tfrac{1}{x}\right) = 2x \ln x - 2x + x$$
$$= 2x \ln x - x = x(2 \ln x - 1)$$
$$f''(x) = 2 \ln x + \tfrac{2x}{x} - 1 = 2 \ln x + 1$$
$$f'(x) = 0 \Leftrightarrow 2 \ln x - 1 = 0 \Leftrightarrow \ln x = \tfrac{1}{2} \Leftrightarrow x = e^{\frac{1}{2}} = \sqrt{e}$$

$f''(\sqrt{e}) = 2 \cdot \frac{1}{2} + 1 > 0 \Rightarrow$ relatives Minimum an der Stelle $x = \sqrt{e}$

Mit $f(\sqrt{e}) = e\left(\frac{1}{2} - 1\right) = -\frac{1}{2}e$ folgt Tiefpunkt $\left(\sqrt{e} \middle| -\frac{1}{2}e\right)$

Verhalten an den Grenzen von D_f:

$$\lim_{x \to 0+} x^2(\ln x - 1) = 0$$
$$\lim_{x \to \infty} x^2(\ln x - 1) = \infty$$

Graph:

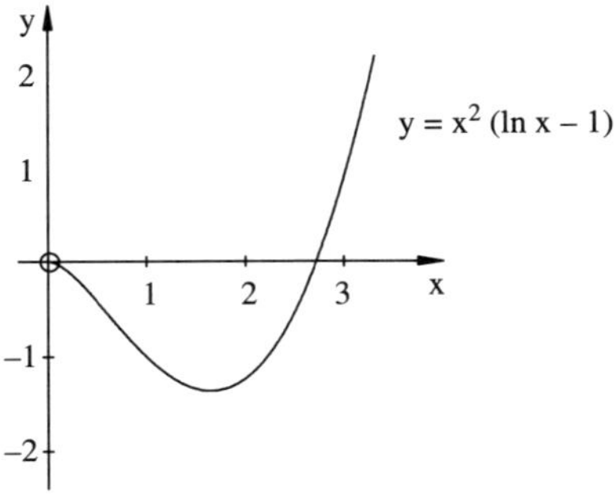

b) $f(x) = \ln(x^2 - 1)$

maximale Definitionsmenge:

$x^2 - 1 > 0 \iff x^2 > 1 \iff -\infty < x < -1 \lor 1 < x < \infty$

$D_f = \mathbb{R} \setminus [-1; 1]$

Nullstellen:

$$f(x) = 0 \iff \ln(x^2 - 1) = 0 \iff x^2 - 1 = 1$$
$$\iff x^2 = 2$$
$$\iff x = -\sqrt{2} \lor x = \sqrt{2}$$

Nullstellen: $-\sqrt{2}; \sqrt{2}$

Extrempunkte:

$$f'(x) = \underbrace{\frac{1}{x^2 - 1}}_{>0} \cdot 2x$$

$f'(x) > 0$ für alle $x > 1$

$f'(x) < 0$ für alle $x < -1$

Es existieren keine relativen Extrema.

Verhalten an den Grenzen von D_f:

$$\lim_{x \to -\infty} \ln(x^2 - 1) = +\infty$$
$$\lim_{x \to -1-} \ln(x^2 - 1) = -\infty$$
$$\lim_{x \to 1+} \ln(x^2 - 1) = -\infty$$
$$\lim_{x \to \infty} \ln(x^2 - 1) = \infty$$

Graph:

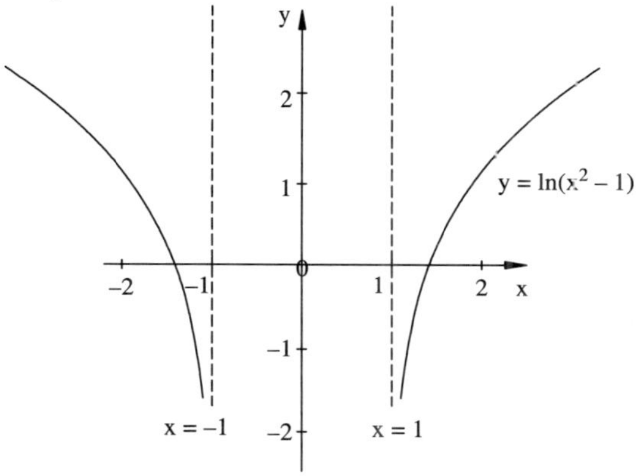

c) $f(x) = (\ln x - 1)^2 - 1;\ x \in \mathbb{R}^+$

Nullstellen:

$$\begin{aligned} f(x)=0 &\Leftrightarrow (\ln x-1)^2-1=0 \quad \wedge \quad x>0 \\ &\Leftrightarrow (\ln x-1)^2=1 \\ &\Leftrightarrow |\ln x-1|=1 \\ &\Leftrightarrow \ln x=2 \quad \vee \quad \ln x=0 \\ &\Leftrightarrow x=e^2 \quad \vee \quad x=1 \end{aligned}$$

Nullstellen: 1; e^2

Extrempunkte:

$$f'(x) = 2(\ln x-1)\cdot\left(\tfrac{1}{x}\right)$$

$$f''(x) = 2\left[\tfrac{1}{x}\cdot\tfrac{1}{x}+(\ln x-1)\left(-\tfrac{1}{x^2}\right)\right]=2\cdot\tfrac{1}{x^2}(1-\ln x+1)=\tfrac{2}{x^2}(2-\ln x)$$

$$f'(x)=0 \Leftrightarrow \ln x-1=0 \Leftrightarrow x=e$$

$f''(e) = \frac{2}{e^2}(2-1)>0 \Rightarrow$ relatives Minimum an der Stelle $x = e$

Mit $f(e) = -1$ folgt Tiefpunkt $(e\,|\,-1)$

Verhalten an den Grenzen von D_f:

$$\lim_{x\to 0+} [(\ln x-1)^2-1]=\infty$$

$$\lim_{x\to\infty} [(\ln x-1)^2-1]=\infty$$

Graph:

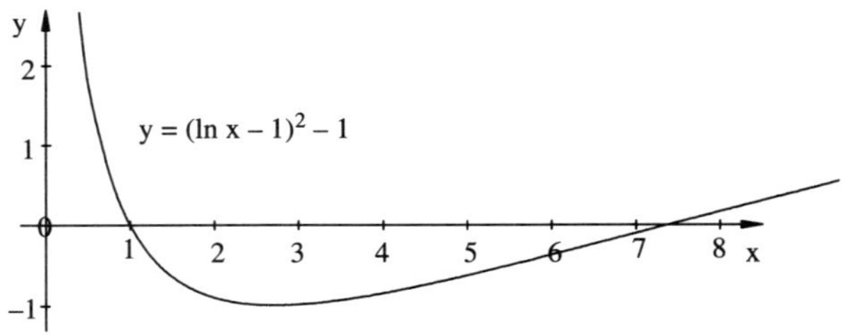

d) $f(x) = x^2 - 2\ln x;\ x \in \mathbb{R}^+$

Nullstellen:

$f(x) = 0 \iff x^2 - 2\ln x = 0 \ \wedge\ x > 0$

$L = \{\ \}$

Nullstellen: keine

Extrempunkte:

$f'(x) = 2x - \frac{2}{x}$

$f''(x) = 2 + \frac{2}{x^2}$

$$f'(x) = 0 \iff 2x - \frac{2}{x} = 0 \ \wedge\ x > 0$$
$$\iff 2x^2 - 2 = 0$$
$$\iff x^2 = 1 \iff x = 1$$

$f''(1) = 2 + 2 > 0 \Rightarrow$ relatives Minimum an der Stelle x = 1.

Mit f(1) = 1 folgt Tiefpunkt (1 | 1).

Verhalten an den Grenzen von D_f:

$$\lim_{x \to 0+} (x^2 - 2\ln x) = \infty$$

$$\lim_{x \to \infty} (x^2 - 2\ln x) = \infty$$

Graph:

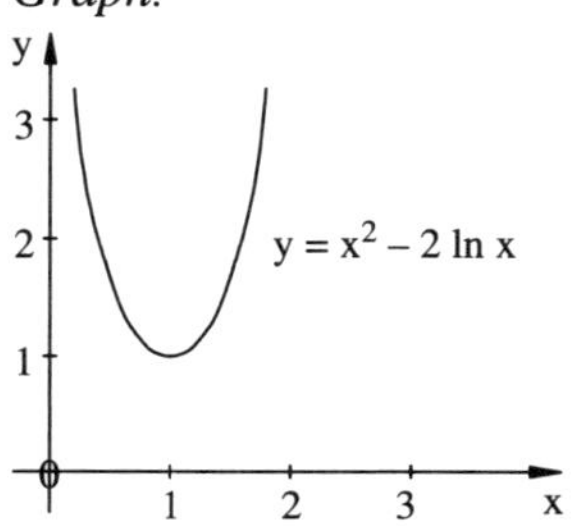

72. a) Wir berechnen zunächst die Schnittstellen beider Kurven:

$$(1+\ln x)\ln x = 1+\ln x \quad \wedge \quad x>0$$
$$\Leftrightarrow \ln x+(\ln x)^2 = 1+\ln x$$
$$\Leftrightarrow (\ln x)^2 = 1$$
$$\Leftrightarrow |\ln x| = 1 \Leftrightarrow x=e \quad \vee \quad x=e^{-1}$$

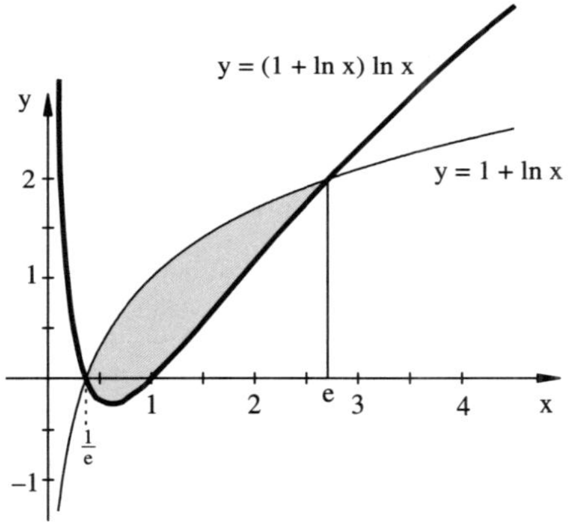

b) $F(x) = x(\ln x)^2 - 2x\ln x + 2x$

$$F'(x) = (\ln x)^2 + x\cdot 2(\ln x)\cdot\tfrac{1}{x} - 2\left(\ln x + x\cdot\tfrac{1}{x}\right) + 2$$
$$= (\ln x)^2 + 2\ln x - 2\ln x = (\ln x)^2 = f(x)$$

c) $$A = \int_{\frac{1}{e}}^{e}[1+\ln x-(1+\ln x)\ln x]\,dx = \int_{\frac{1}{e}}^{3}[1+\ln x-\ln x-(\ln x)^2]\,dx$$
$$= \int_{\frac{1}{e}}^{e}[1-(\ln x)^2]dx = [x - x(\ln x)^2 + 2x\ln x - 2x]_{\frac{1}{e}}^{e}$$
$$= [2x\ln x - x(\ln x)^2 - x]_{\frac{1}{e}}^{e} = 2e-e-e-\left(-\tfrac{2}{e}-\tfrac{1}{e}-\tfrac{1}{e}\right) = \tfrac{4}{e} \approx 1{,}5 \ [FE]$$

73. Aus der Zeichnung entnehmen wir:

$d^2 = u^2 + (\ln u - 1)^2$

Wir suchen das Minimum der Funktion $d^2(u)$. Also:

$$[d^2(u)]' = 2u + 2\,(\ln u - 1)\cdot\frac{1}{u}$$

$$[d^2(u)]'' = 2 + 2\left[\frac{1}{u}\cdot\frac{1}{u} + (\ln u - 1)\left(-\frac{1}{u^2}\right)\right] = 2 + \frac{2}{u^2}(2 - \ln u)$$

$$[d^2(u)]' = 0 \quad \Leftrightarrow \quad 2\left[u + \frac{1}{u}(\ln u - 1)\right] = 0 \quad \wedge \quad u > 0$$

$$\Leftrightarrow \quad u + \frac{1}{u}(\ln u - 1) = 0 \quad | \cdot u$$

$$\Leftrightarrow \quad u^2 + \ln u - 1 = 0$$

$$\Leftrightarrow \quad u = 1$$

Für u = 1 hat $d^2(u)$ ein Minimum, denn $[d^2(1)]'' > 0$.

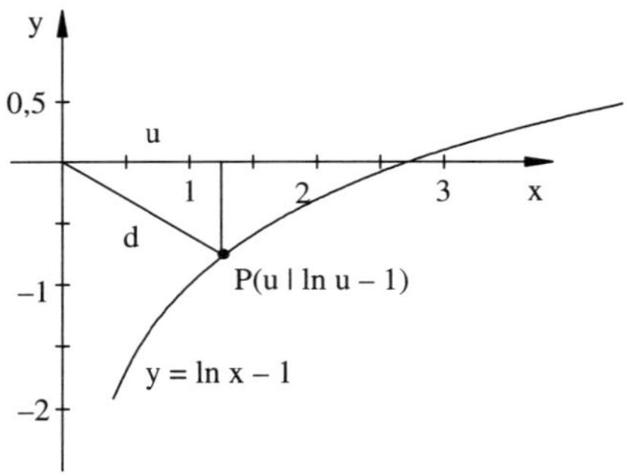

$$\textbf{74.}\quad A(a) = \int_a^{a+1}\left(\frac{1}{2x} + x\right)dx = \frac{1}{2}[\ln x]_a^{a+1} + \left[\frac{x^2}{2}\right]_a^{a+1}$$

$$= \frac{1}{2}[\ln(a+1) - \ln(a)] + \frac{(a+1)^2}{2} - \frac{a^2}{2}$$

$$= \frac{1}{2}[\ln(a+1) - \ln a] + \frac{a^2}{2} + a + \frac{1}{2} - \frac{a^2}{2}$$

$$= \frac{1}{2}[\ln(a+1) - \ln a] + a + \frac{1}{2}$$

$$A'(a) = \frac{1}{2}\cdot\left[\frac{1}{a+1} - \frac{1}{a}\right] + 1 = \frac{1}{2}\left(\frac{1}{a+1} - \frac{1}{a} + 2\right)$$

$$A''(a) = \frac{1}{2}\left[\frac{-1}{(a+1)^2} + \frac{1}{a^2}\right] = \frac{1}{2}\cdot\frac{-a^2 + a^2 + 2a + 1}{a^2(a+1)^2} = \frac{1}{2}\cdot\frac{2a+1}{a^2(a+1)^2}$$

$$A'(a) = 0 \Leftrightarrow \frac{1}{a+1} - \frac{1}{a} + 2 = 0 \quad | \cdot a(a+1) \quad \wedge \quad a > 0$$
$$\Leftrightarrow a - (a+1) + 2a(a+1) = 0$$
$$\Leftrightarrow 2a^2 + 2a - 1 = 0$$
$$\Leftrightarrow a = \frac{-2 + \sqrt{4+8}}{4}$$
$$\Leftrightarrow a = -\frac{1}{2} + \frac{1}{2}\sqrt{3} \approx 0{,}37$$

$A''(0{,}37) > 0$
A(a) wird minimal für $a \approx 0{,}37$.

75. a) $f_a(x) = a^2x - \ln x;\ a \geq 1 \quad \wedge \quad x > 0$

Nullstellen: keine
$a^2x = \ln x$ für kein $x \in \mathbb{R}^+$ und $a \geq 1$ erfüllbar.

Extrempunkte:
$$f'_a(x) = a^2 - \frac{1}{x}$$
$$f''_a(x) = \frac{1}{x^2}$$
$$f'_a(x) = 0 \Leftrightarrow a^2 - \frac{1}{x} = 0 \Leftrightarrow x = \frac{1}{a^2}$$
$$f''_a\left(\frac{1}{a^2}\right) > 0 \Rightarrow \text{ relative Minima an den Stellen } x = \frac{1}{a^2}.$$

Mit $f\left(\frac{1}{a^2}\right) = 1 - \ln\frac{1}{a^2} = 1 + 2\ln a$ folgt: Tiefpunkte $\left(\frac{1}{a^2}\middle|1 + 2\ln a\right)$

Wendepunkte: keine

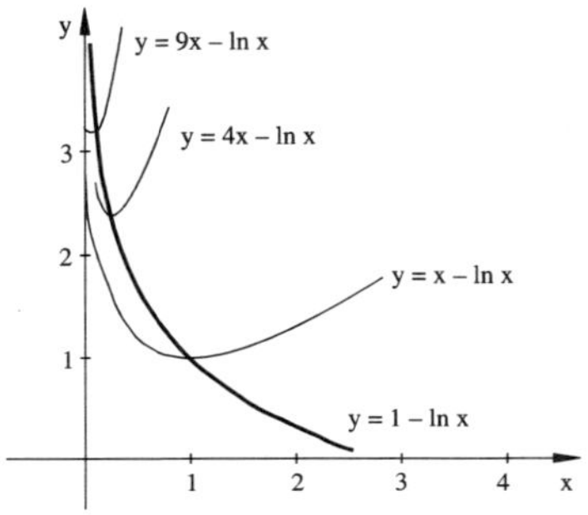

$f_1(x) = x - \ln x;\quad x \in \mathbb{R}^+$
$f_2(x) = 4x - \ln x;\quad x \in \mathbb{R}^+$
$f_3(x) = 9x - \ln x;\quad x \in \mathbb{R}^+$

b) Wir eliminieren a aus
$x = \frac{1}{a^2}$ und $y = 1 + \ln a^2$:
$y = 1 + \ln \frac{1}{x} = 1 - \ln x; \quad x \in \mathbb{R}^+$

76. a) $f_a(x) = \frac{\ln x - \frac{a}{4}}{x}; \quad a > 0 \;\wedge\; x \in \mathbb{R}^+$

$f_a'(x) = \frac{\frac{1}{x} \cdot x - \left(\ln x - \frac{a}{4}\right) \cdot 1}{x^2} = \frac{1 - \ln x + \frac{a}{4}}{x^2}$

$f_a'(x) = 0 \Leftrightarrow 1 + \frac{a}{4} - \ln x = 0$
$\Leftrightarrow \quad \ln x = 1 + \frac{a}{4}$
$\Leftrightarrow \quad x = e^{1 + \frac{a}{4}}$

$f(e^{1 + \frac{a}{4}}) = \frac{1 + \frac{a}{4} - \frac{a}{4}}{e^{1 + \frac{a}{4}}} = \frac{1}{e^{1 + \frac{a}{4}}}$

Wir eliminieren a aus
$x = e^{1 + \frac{a}{4}}$ und $y = \frac{1}{e^{1 + \frac{a}{4}}}$:
$y = \frac{1}{x}; \quad x \in \mathbb{R}^+$
Die Hochpunkte der Scharkurven liegen auf der Kurve mit der Gleichung $y = \frac{1}{x}$ und $x \in \mathbb{R}^+$.

b) $f_a''(x) = \frac{-\frac{1}{x} \cdot x^2 - \left(1 - \ln x + \frac{a}{4}\right) \cdot 2x}{x^4} = \frac{-x - 2x + 2x \ln x - \frac{ax}{2}}{x^4}$
$= \frac{-3x - \frac{a}{2}x + 2x \ln x}{x^4} = \frac{-3 - \frac{a}{2} + 2 \ln x}{x^3}$

$f_a''(x) = 0 \Leftrightarrow -3 - \frac{a}{2} + 2 \ln x = 0$
$\Leftrightarrow \quad 2 \ln x = 3 + \frac{a}{2}$
$\Leftrightarrow \quad \ln x = \frac{3}{2} + \frac{a}{4}$
$\Leftrightarrow \quad x = e^{\frac{a}{4} + 1,5}$

$$x_W = e^{\frac{a}{4}+1,5}; \; x_H = e^{1+\frac{a}{4}}$$

$$\frac{x_W}{x_H} = \frac{e^{\frac{a}{4}+1,5}}{e^{\frac{a}{4}+1}} = e^{0,5}$$

$$\Leftrightarrow \; x_W = \sqrt{e} \cdot x_H$$

77. a) $f(x)=\frac{1}{x}$

Definitionslücke: 0

b) $f(x)=\frac{-2}{x+1}$

Definitionslücke: –1

c) $f(x)=\frac{x}{(1-x)^2}$

Definitionslücke: 1

d) $f(x)=\frac{2x^2}{x^3-2x^2+x}=\frac{2x^2}{x(x^2-2x+1)}=\frac{2x^2}{x(x-1)^2}$

Definitionslücken: 0; 1

78. a) $f(x)=0 \;\Leftrightarrow\; 2x^2-4=0 \;\wedge\; x \in \mathbb{R}\setminus\{1\}$

$\Leftrightarrow\; 2(x^2-2)=0$

$\Leftrightarrow\; x=\sqrt{2} \;\vee\; x=-\sqrt{2}$

Nullstellen: $\sqrt{2}$; $-\sqrt{2}$

b) $f(x)=0 \;\Leftrightarrow\; 3x^2-18x=0 \;\wedge\; x \in \mathbb{R}\setminus\{4\}$

$\Leftrightarrow\; 3x(x-6)=0$

$\Leftrightarrow\; x=0 \;\vee\; x=6$

Nullstellen: 0; 6

c) $f(x)=0 \;\Leftrightarrow\; x^2-7x+10=0 \;\wedge\; x \in \mathbb{R}\setminus\{0\}$

$\Leftrightarrow\; (x-2)(x-5)=0$

$\Leftrightarrow\; x=2 \;\vee\; x=5$

Nullstellen: 2; 5

79. a) $f(x)=\frac{x^3}{x^2-1}=\frac{x^3}{(x-1)(x+1)}$

Definitionslücken: 1; –1
Nullstelle: 0

b) $f(x)=\frac{x^4}{x^3-x}=\frac{x^4}{x(x^2-1)}=\frac{x^4}{x(x-1)(x+1)}$

Defintionslücken: 0; 1; –1

80. a) $f(x)=\frac{x^2-x}{x^2-x-6}=\frac{x(x-1)}{(x-3)(x+2)}$

$D_f=\mathbb{R}\setminus\{3;-2\}$
Nullstellen: 0; 1
$x(x-1)=0 \;\Leftrightarrow\; x=0 \;\vee\; x=1$

b) $f(x)=\frac{x^3+x^2}{x^2-1}=\frac{x^2(x+1)}{(x-1)(x+1)}$

$D_f=\mathbb{R}\setminus\{1;-1\}$
Nullstelle: 0
$x^2(x+1)=0 \;\Leftrightarrow\; x=0 \;\vee\; x=-1\notin D_f$
Da –1 nicht zur Definitionsmenge gehört, ist 0 die einzige Nullstelle.

81. a) $f(x)=\frac{x}{x-1}$

Definitionslücke: 1
Nullstelle: 0

b) $f(x)=\frac{3x^2-8x}{(x-2)^2}$

Defintionslücke: 2
Nullstellen: 0; $2\frac{2}{3}$

$$3x^2-8x=0 \;\Leftrightarrow\; x(3x-8)=0$$
$$\Leftrightarrow\; x=0 \;\vee\; x=\frac{8}{3}=2\frac{2}{3}$$

82. a) $f(x)=\frac{-x^2+4}{x^2-x}=\frac{-(x^2-4)}{x(x-1)}=\frac{-(x-2)(x+2)}{x(x-1)}$

An den Stellen x = 0 und x = 1 liegt jeweils ein Pol 1. Ordnung mit Vorzeichenwechsel vor.

$$\lim_{x\to 0+}\frac{-(x-2)(x+2)}{x(x-1)}=-\infty$$

$$\lim_{x\to 0-}\frac{-(x-2)(x+2)}{x(x-1)}=+\infty$$

$$\lim_{x\to 1-}\frac{-(x-2)(x+2)}{x(x-1)}=-\infty$$

$$\lim_{x\to 1+}\frac{-(x-2)(x+2)}{x(x-1)}=+\infty$$

b) $f(x)=\frac{x^3+2x^2+x}{x^3+x^2}=\frac{x(x^2+2x+1)}{x^2(x+1)}=\frac{x(x+1)^2}{x^2(x+1)}=\frac{(x+1)^2}{x(x+1)}$

An der Stelle x = 0 liegt ein Pol 1. Ordnung mit Vorzeichenwechsel vor.
An der Stelle x = –1 liegt eine behebbare Definitionslücke vor.

$$\lim_{x\to 0-}\frac{(x+1)^2}{x(x+1)}=-\infty$$

$$\lim_{x\to 0+}\frac{(x+1)^2}{x(x+1)}=+\infty$$

Man kann die Definitionslücke schließen, indem man den Wert f(–1) als den Wert von $x\mapsto\frac{x+1}{x}$ an der Stelle –1 definiert. Also:

$$f(-1)=\frac{-1+1}{-1}=0.$$

c) $f(x)=\frac{x^2+x-6}{x^2-3x+2}=\frac{(x+3)(x-2)}{(x-2)(x-1)}$

An der Stelle x = 1 liegt ein Pol 1. Ordnung mit Vorzeichenwechsel vor.
An der Stelle x = 2 hat f eine behebbare Definitionslücke.

$$\lim_{x\to 1-}\frac{(x+3)(x-2)}{(x-2)(x-1)}=\lim_{x\to 1-}\frac{x+3}{x-1}=-\infty$$

$$\lim_{x\to 1+}f(x)=\lim_{x\to 1+}\frac{x+3}{x-1}=+\infty$$

Man kann die Defintionslücke schließen, indem man den Wert f(x) als den Wert von $x\mapsto\frac{x+3}{x-1}$ an der Stelle 2 definiert. Also:

$$f(2)=\frac{2+3}{2-1}=\frac{5}{1}=5$$

d) $f(x) = \frac{2x^3 - 2x^2 - 4x}{x^3 - 3x^2 - 4x} = \frac{2x(x^2 - x - 2)}{x(x^2 - 3x - 4)} = \frac{2x(x-2)(x+1)}{x(x-4)(x+1)}$

An der Stelle x = 4 hat f einen Pol 1. Ordnung mit Vorzeichenwechsel. An den Stellen x = 0 und x = 1 liegt jeweils eine behebbare Definitionslücke vor.

$\lim\limits_{x \to 4-} \frac{2x(x-2)(x+1)}{x(x-4)(x+1)} = \lim\limits_{x \to 4-} \frac{2(x-2)}{2-4} = -\infty$

$\lim\limits_{x \to 4+} f(x) = \lim\limits_{x \to 4+} \frac{2(x-2)}{x-4)} = +\infty$

Man kann die Definitionslücken schließen, indem man die Werte f(0) und f(–1) als den jeweiligen Wert von $x \mapsto \frac{2(x-2)}{x-4}$ an den Stellen x = 0 bzw. x = –1 definiert. Also:

$f(0) \;\; = \frac{2(0-2)}{0-4} = \frac{-4}{-4} = 1$

$f(-1) = \frac{2(-1-2)}{-1-4} = \frac{-6}{-5} = \frac{6}{5}$

83. a) $f(x) = \frac{2x^2}{x^4 - 4x^2} = \frac{2x^2}{x^2(x^2-4)} = \frac{2x^2}{x^2(x-2)(x+2)}$

b) $D_f = \mathbb{R} \setminus \{0; 2; -2\}$

c) $f(x) = 0 \;\Leftrightarrow\; 2x^2 = 0 \;\wedge\; x \in \mathbb{R} \setminus \{0; 2; -2\}$
f hat keine Nullstellen.

d) An den Stellen x = 2 und x = –2 liegen Pole 1. Ordnung mit Vorzeichenwechsel vor.
(An der Stelle x = 0 hat f eine behebbare Defintionslücke.)

$\lim\limits_{x \to 2-} \frac{2x^2}{x^2(x-2)(x+2)} = \lim\limits_{x \to 2-} \frac{2}{(x-2)(x+2)} = -\infty$

$\lim\limits_{x \to 2+} f(x) = \lim\limits_{x \to 2+} \frac{2}{(x-2)(x+2)} = +\infty$

$\lim\limits_{x \to -2-} f(x) = \lim\limits_{x \to -2-} \frac{2}{(x-2)(x+2)} = +\infty$

$\lim\limits_{x \to -2+} f(x) = \lim\limits_{x \to -2+} \frac{2}{(x-2)(x+2)} = -\infty$

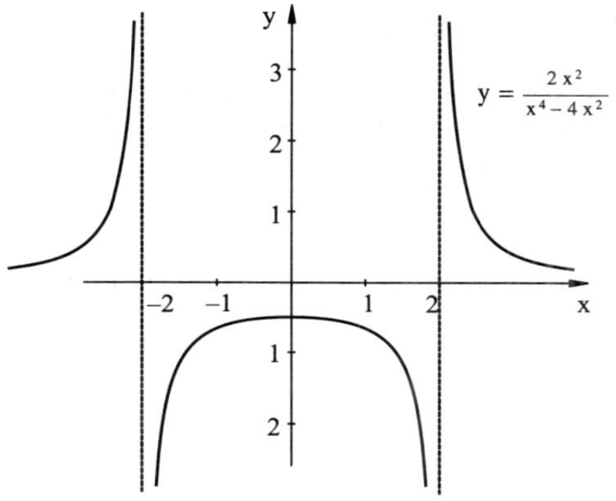

84. a) $f(x) = \frac{x-2}{x+2}; \quad x \in \mathbb{R} \setminus \{-2\}$

Die Funktion f hat an der Stelle $x = -2$ einen Pol 1. Ordnung mit Vorzeichenwechsel. Die Gerade $x = -2$ ist senkrechte Asymptote des Graphen G_f.

$$\lim_{x \to -2-} f(x) = \lim_{x \to -2-} \frac{x-2}{x+2} = +\infty \quad \Rightarrow \quad \lim_{x \to -2+} f(x) = -\infty$$

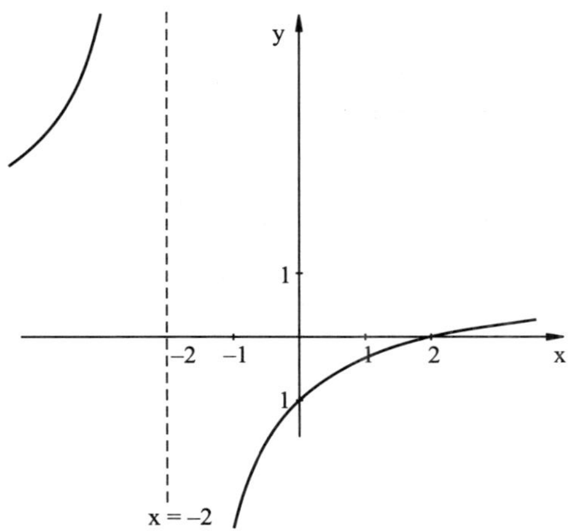

b) $f(x)=\frac{1}{x^2-1}=\frac{1}{(x+1)(x-1)}$; $x \in \mathbb{R} \setminus \{1; -1\}$

Die Funktion f hat an den Stellen $x = -1$ und $x = 1$ jeweils einen Pol 1. Ordnung mit Vorzeichenwechsel. Die Geraden $x = -1$ und $x = 1$ sind senkrechte Asymptotenn des Graphen G_f.

$$\lim_{x \to -1-} f(x) = \lim_{x \to -1-} \frac{1}{(x+1)(x-1)} = +\infty \quad \Rightarrow \quad \lim_{x \to -1+} f(x) = -\infty$$

$$\lim_{x \to 1-} f(x) = \lim_{x \to 1-} \frac{1}{(x+1)(x-1)} = -\infty \quad \Rightarrow \quad \lim_{x \to 1+} f(x) = +\infty$$

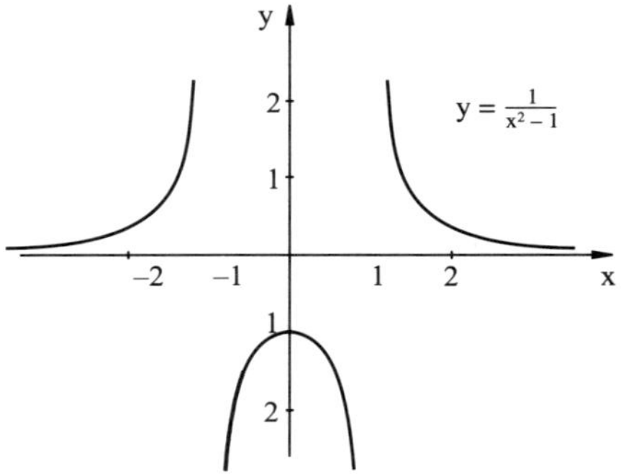

c) $f(x)=\frac{2}{x^2+2x}=\frac{2}{x(x+2)}$; $x \in \mathbb{R} \setminus \{0; -2\}$

Die Funktion f hat an den Stellen $x = 0$ und $x = -2$ jeweils einen Pol 1. Ordnung mit Vorzeichenwechsel. Die Geraden $x = 0$ (y-Achse) und $x = -2$ sind senkrechte Asymptoten von G_f.

$$\lim_{x \to -2-} f(x) = \lim_{x \to -2-} \frac{2}{x(x+2)} = +\infty \quad \Rightarrow \quad \lim_{x \to -2+} f(x) = -\infty$$

$$\lim_{x \to 0-} f(x) = \lim_{x \to 0-} \frac{2}{x(x+2)} = -\infty \quad \Rightarrow \quad \lim_{x \to 0+} f(x) = +\infty$$

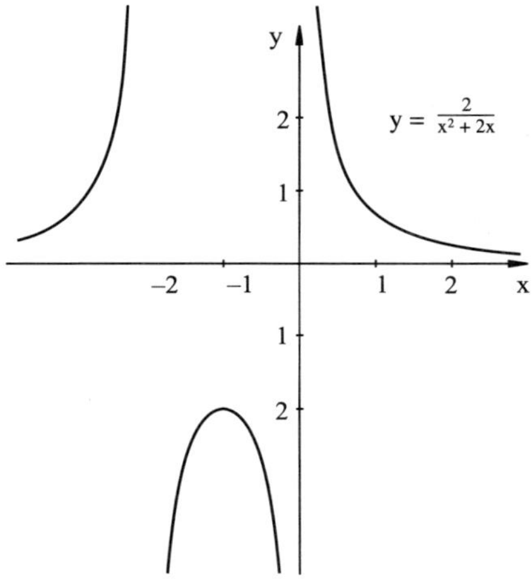

d) $f(x) = \frac{1}{(2-x)^2}$; $x \in \mathbb{R} \setminus \{2\}$

Die Funktion f hat an der Stelle x = 2 einen Pol 2. Ordnung ohne Vorzeichenwechsel. Die Gerade x = 2 ist senkrechte Asymptote von G_f.

$\lim\limits_{x \to 2-} f(x) = \lim\limits_{x \to 2-} \frac{1}{(2-x)} = +\infty \quad \Rightarrow \quad \lim\limits_{x \to 2+} f(x) = +\infty$

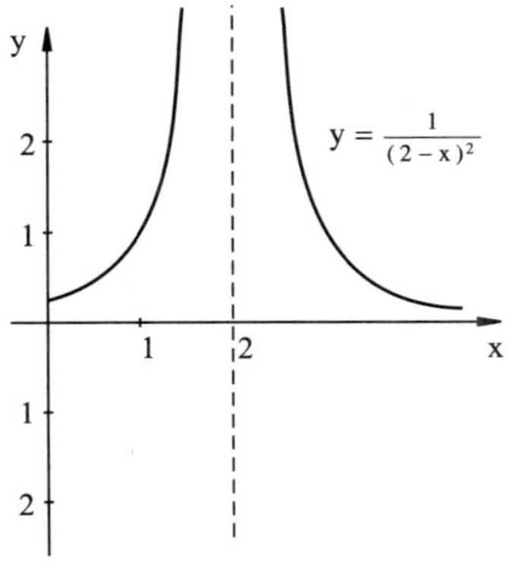

85. a) Mögliche Funktionsgleichungen:

$f(x)=\frac{x}{x+2}$; $f(x)=\frac{-x}{x+2}$

$f(x)=\frac{-2x^2}{x+2}$; $f(x)=\frac{x(x+4)}{(x+2)(x-1)}$

b) Mögliche Funktionsgleichungen:

$f(x)=\frac{1}{x^2-4}$;

$f(x)=\frac{3x^2}{x^2-4}$; $f(x)=\frac{2(x^2-1)}{x^2-4}$

c) Mögliche Funktionsgleichungen:

$f(x)=\frac{3(x-0{,}5)(x+1)}{x-0{,}5}$; $f(x)=\frac{-(x-0{,}5)(x^2+4)}{(x-0{,}5)}$

86. $\lim\limits_{|x|\to\infty}\frac{10-5x}{x^3}=0$

87. a) $f(x)=\frac{x+3}{x-4}$

An der Stelle x = 4 liegt ein Pol 1. Ordnung mit Vorzeichenwechsel vor. Die Gerade x = 4 ist senkrechte Asymptote des Graphen G_f. Aus

$$\lim_{|x|\to\infty}\frac{x+3}{x-4}=\lim_{|x|\to\infty}\frac{x\left(1+\frac{3}{x}\right)}{x\left(1-\frac{4}{x}\right)}=\lim_{|x|\to\infty}\frac{1+\frac{3}{x}}{1-\frac{4}{x}}=1$$

folgt, dass die Gerade y = 1 horizontale Asymptote von G_f ist.

b) $f(x)=\frac{x^2}{x-1}$

An der Stelle x = 1 liegt ein Pol 1. Ordnung mit Vorzeichenwechsel vor. Die Gerade x = 1 ist senkrechte Asymptote des Graphen G_f.
Aus

$$\begin{array}{l} x^2:(x-1)=x+1+\frac{1}{x-1} \\ \underline{-(x^2-x)} \\ \quad x \\ \quad \underline{-(x-1)} \\ \qquad 1 \end{array}$$

folgt, dass die Gerade y = x + 1 schräge Asymptote des Graphen G_f ist.

c) $f(x)=\frac{x^3+2x^2}{x^2-4}=\frac{x^2(x+2)}{(x-2)(x+2)}$

An der Stelle x = 2 liegt ein Pol 1. Ordnung mit Vorzeichenwechsel vor.
An der Stelle x = –2 hat f eine behebbare Definitionslücke.
Aus

$$(x^3+2x^2):(x^2-4)=x+2+\frac{4x+8}{x^2-4}$$
$$\underline{-(x^3-4x)}$$
$$2x^2+4x$$
$$\underline{-(2x^2-8)}$$
$$4x+8$$

folgt, dass die Gerade y = x + 2 schräge Asymptote von G_f ist.

88. a)

$$(x^3-2x^2+3):(x^2-2x+1)=x+\frac{-x+3}{x^2-2x+1}$$
$$\underline{-(x^3-2x^2+x)}$$
$$-x+3$$

Die Gerade y = x ist schräge Asymptote des Graphen von f.

b) $f(x)=\frac{x^4}{x(x+1)(x-3)}=\frac{x^3}{x^2-2x-3}$

$$x^3 \quad : \quad (x^2-2x-3)=x+2+\frac{7x+6}{x^2-2x-3}$$
$$\underline{-(x^3-2x^2-3x)}$$
$$2x^2+3x$$
$$\underline{-(x^2-4x-6)}$$
$$7x+6$$

Die Gerade y = x + 2 ist schräge Asymptote des Graphen von f.

89. a) $f(x)=\frac{3x-6}{x^2-4}=\frac{3(x-2)}{(x-2)(x+2)}$

senkrechte Asymptote: x = –2
behebbare Definitionslücke: x = 2
horizontale Asymptote: y = 0 wegen

$$\lim_{|x|\to\infty} f(x)=\lim_{|x|\to\infty}\frac{x^2\left(\frac{3}{x}-\frac{6}{x^2}\right)}{x^2\left(1-\frac{4}{x^2}\right)}=\lim_{|x|\to\infty}\frac{\frac{3}{x}-\frac{6}{x^2}}{1-\frac{4}{x^2}}=0$$

Die x-Achse ist waagrechte Asymptote.

b) $f(x)=\frac{6x-3}{3x+6}=\frac{3(2x-1)}{3(x+2)}=\frac{2x-1}{x+2}$

senkrechte Asymptote: x = –2
horizontale Asymptote: y = 2
Begründung:

$$\lim_{|x|\to\infty}\frac{2x-1}{x+2}=\lim_{|x|\to\infty}\frac{x\left(2-\frac{1}{x}\right)}{x\left(1+\frac{2}{x}\right)}=\lim_{|x|\to\infty}\frac{2-\frac{1}{x}}{1+\frac{2}{x}}=2$$

c) $f(x)=\frac{3x^2+2x+1}{2x+1}$

senkrechte Asymptote: $x=-\frac{1}{2}$

schräge Asymptote: $y=\frac{3}{2}x+\frac{1}{4}$

Begründung:

$$\begin{array}{l} (3x^2+2x+1):(2x+1)=\frac{3}{2}x+\frac{1}{4}+\frac{\frac{3}{4}}{2x+1} \\ \underline{-\left(3x^2+\frac{3}{2}x\right)} \\ \qquad \frac{1}{2}x+1 \\ \qquad \underline{-\left(\frac{1}{2}x+\frac{1}{4}\right)} \\ \qquad\qquad \frac{3}{4} \end{array}$$

d) $f(x)=x-1+\frac{1}{x^2-4}=x-1+\frac{1}{(x-2)(x+2)}$

senkrechte Asymptoten: x = 2 und x = –2
schräge Asymptote: y = x – 1
Begründung:

$$\lim_{|x|\to\infty}[f(x)-(x-1)]=\lim_{|x|\to\infty}\left[x-1+\frac{1}{x^2-4}-x+1\right]=\lim_{|x|\to\infty}\left(\frac{1}{x^2-4}\right)=0$$

e) $f(x)=\frac{x^2+1}{x}=x+\frac{1}{x}$

senkrechte Asymptote: x = 0
schräge Asymptote: y = x
Begründung:

$$\lim_{|x|\to\infty}[f(x)-x]=\lim_{|x|\to\infty}\left(x+\frac{1}{x}-x\right)=\lim_{|x|\to\infty}\left(\frac{1}{x}\right)=0$$

f) $f(x)=\frac{2x^2-2x+1}{x^2-2x}=\frac{2x^2-2x+1}{x(x-2)}$

senkrechte Asymptoten: x = 0 und x = 2
horizontale Asymptote: y = 2
Begründung:

$$\lim_{|x|\to\infty}\frac{2x^2-2x+1}{x^2-2x}=\lim_{|x|\to\infty}\frac{x^2\left(2-\frac{2}{x}+\frac{1}{x^2}\right)}{x^2\left(1-\frac{2}{x}\right)}=\lim_{|x|\to\infty}\frac{2-\frac{2}{x}+\frac{1}{x^2}}{1-\frac{2}{x}}=2$$

90. a) $f(x)=x+1+\frac{2x}{x^2-2}=x+1+\frac{2x}{(x-\sqrt{2})(x+\sqrt{2})}$

senkrechte Asymptoten: $x=\sqrt{2}$ und $x=-\sqrt{2}$
schräge Asymptote: y = x + 1
Begründung:

$$\lim_{|x|\to\infty}[f(x)-(x+1)]=\lim_{|x|\to\infty}\left(x+1+\frac{2x}{x^2-2}-x-1\right)=\lim_{|x|\to\infty}\frac{2x}{x^2-2}=0$$

Die Gerade g mit der Gleichung y = x + 1 ist schräge Asymptote.

$G_f \cap g$:

$$x+1+\frac{2x}{x^2-2}=x+1 \quad \wedge \quad x\in\mathbb{R}\setminus\{\sqrt{2};-\sqrt{2}\}$$

$$\Leftrightarrow \quad \frac{2x}{x^2-2}=0$$

$$\Leftrightarrow \quad x=0$$

Der Funktionsgraph schneidet seine schräge Asymptote im Punkt (0 | 1).

b) $f(x)=\frac{3x^2-8x}{(x-2)^2}=\frac{3x^2-8x}{x^2-4x+4}$

senkrechte Asymptote: x = 2
waagrechte Asymptote: y = 3
Begründung:

$$\lim_{|x|\to\infty}\frac{3x^2-8x}{x^2-4+4}=\lim_{|x|\to\infty}\frac{x^2\left(3-\frac{8}{x}\right)}{x^2\left(1-\frac{4}{x}+\frac{4}{x^2}\right)}=\lim_{|x|\to\infty}\frac{3-\frac{8}{x}}{1-\frac{4}{x}+\frac{4}{x^2}}=3$$

Aus

$$\frac{3x^2-8x}{(x-2)^2}=3 \quad \wedge \quad x \in \mathbb{R} \setminus \{2\}$$

$$\Leftrightarrow \; 3x^2-8x=3x^2-12x+12$$

$$\Leftrightarrow \; 4x-12=0$$

$$\Leftrightarrow \; x=3$$

folgt, dass der Funktionsgraph die horizontale Asymptote im Punkt (3 | 3) schneidet.

91. a) $f_2(x)=\frac{x+1}{x-2}$

b) $f_3(x)=\frac{x^3-2x^2-x+2}{x-2}$

c) $f_4(x)=\frac{x^2+3}{x+1}$

d) $f_1(x)=\frac{x+2}{(x-1)^2}$

92.

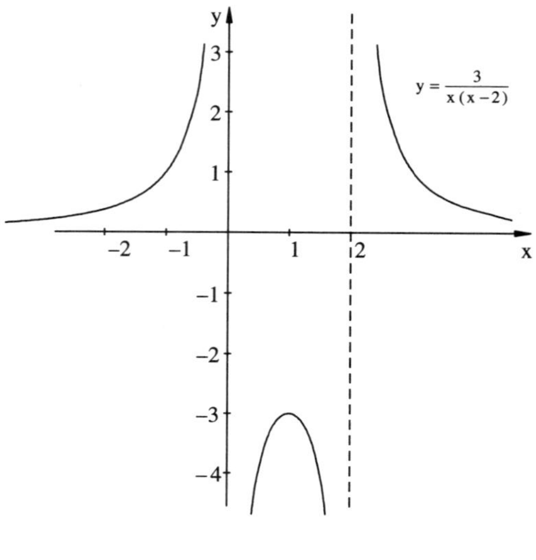

93. a) An der Stelle $x = 0$ liegt ein Pol 1. Ordnung (mit Vorzeichenwechsel) vor. Die y-Achse ist *senkrechte Asymptote* des Graphen von f.
Aus
$$f(x) = \frac{(x-2)^2}{2x} = \frac{x^2-4x+4}{2x} = \frac{1}{2}x - 2 + \frac{2}{x}$$
folgt, dass die Gerade $y = \frac{1}{2}x - 2$ *schräge Asymptote* des Graphen von f ist.
Nachweis:
$$\lim_{|x|\to\infty}\left|f(x) - \frac{1}{2}x + 2\right| = \lim_{|x|\to\infty}\left|\frac{1}{2}x - 2 + \frac{2}{x} - \frac{1}{2}x + 2\right| = 0$$

b) $f'(x) = \frac{x^2-4}{2x^2}$; $x \in \mathbb{R} \setminus \{0\}$
Das Vorzeichen von f' hängt nur vom Term $x^2 - 4$ ab.
$$x^2 - 4 > 0 \;\Leftrightarrow\; x^2 > 4 \;\Leftrightarrow\; -\infty < x < -2 \;\vee\; 2 < x < \infty$$
$$x^2 - 4 < 0 \;\Leftrightarrow\; x^2 < 4 \;\Leftrightarrow\; -2 < x < 0 \;\vee\; 0 < x < 2$$

94. a) An der Stelle $x = 2$ liegt ein Pol 2. Ordnung (ohne Vorzeichenwechsel) vor. Die Gerade $x = 2$ ist *senkrechte Asymptote* des Graphen von f.
schräge Asymptote:
Wir finden die Gleichung durch Polynomdivision:
$$x^3 : (x-2)^2 = x^3 : (x^2-4x+4) = x + 4 + \frac{12x-16}{x^2-4x+4}$$
$$\begin{array}{l} \underline{-(x^3 - 4x^2 + 4x)} \\ \quad 4x^2 - 4x \\ \quad \underline{-(4x^2 - 16x + 16)} \\ \qquad 12x - 16 \end{array}$$
Also:
$$\frac{1}{3}[x^3 : (x-2)^2] = \frac{1}{3}\left(x + 4 + \frac{12x-16}{x^2-4x+4}\right)$$
Die Gerade $y = \frac{1}{3}x + \frac{4}{3}$ ist schräge Asymptote des Graphen von f.
$$f'(x) = \frac{x^2(x-6)}{3(x-2)^2(x-2)} \;\wedge\; x \in \mathbb{R} \setminus \{2\}$$
Das Vorzeichen von f' hängt vom Term $\frac{x-6}{x-2}$ ab.

1. Fall: $x - 2 > 0 \Leftrightarrow x > 2$

$\frac{x-6}{x-2} > 0 \quad | \cdot (x-2) \quad \Leftrightarrow \quad x-6>0 \quad \Leftrightarrow \quad x>6$

Im Intervall]6; ∞[ist f streng monoton zunehmend.

$\frac{x-6}{x-2} < 0 \quad | \cdot (x-2) \quad \Leftrightarrow \quad x-6<0 \quad \Leftrightarrow \quad x<6$

Im Intervall]2; 6[ist f streng monoton abnehmend.

2. Fall: $x - 2 < 0 \Leftrightarrow x < 2$

$\frac{x-6}{x-2} > 0 \quad | \cdot (x-2)$

$\Leftrightarrow \quad x - 6 < 0 \quad \Leftrightarrow \quad x < 6$

Im Intervall]–∞; 2[\ {0} ist f streng monoton zunehmend.

$\frac{x-6}{x-2} < 0 \quad | \cdot (x-2)$

$\Leftrightarrow \quad x - 6 > 0 \quad \Leftrightarrow \quad x > 6$

$L = \{\ \}$

b) An der Stelle x = 0 liegt ein Pol 2. Ordnung (ohne Vorzeichenwechsel) vor. Die Gerade x = 0 ist *senkrechte Asymptote*.
Aus

$$\lim_{|x| \to \infty} \left(\frac{6}{x} - \frac{3}{x^2} \right) = 0$$

folgt, dass y = 0 *waagrechte Asymptote* ist.

$$f'(x) = \frac{6x(1-x)}{x^4}$$

$f'(x) > 0 \Leftrightarrow \quad x(1-x) > 0$

$\Leftrightarrow x > 0 \wedge 1 - x > 0 \quad \vee \quad x < 0 \wedge 1 - x < 0$

$\Leftrightarrow x > 0 \wedge x < 1 \quad \vee \quad x < 0 \wedge x > 1$

$L_1 =]0; 1[\qquad L_2 = \{\ \}$

Im Intervall]0; 1[ist f streng monoton zunehmend.

$f'(x) < 0 \Leftrightarrow \quad x(1-x) < 0$

$\Leftrightarrow x < 0 \wedge 1 - x > 0 \quad \vee \quad x > 0 \wedge 1 - x < 0$

$\Leftrightarrow x < 0 \wedge x < 1 \quad \vee \quad x > 0 \wedge x > 1$

$L_3 =]-\infty; 0[\qquad L_4 =]1; \infty[$

In den Intervallen]–∞; 0[und]1; ∞[ist f streng monton abnehmend.

95. a) *maximale Definitionsmenge*:

$D_f = \mathbb{R} \setminus \{0\}$

Symmetrieverhalten:

$$f(-x) = \frac{(-x)^2 - 1}{-x} = \frac{x^2 - 1}{-x} = -f(x)$$

Der Graph von f ist punktsymmetrisch zum Ursprung.

Schnittpunkte mit den Koordinatenachsen:

$f(x) = 0 \;\Leftrightarrow\; x^2 - 1 = 0 \;\Leftrightarrow\; x = 1 \;\vee\; x = -1$

Also: $N_1(-1 \mid 0)$; $N_2(1 \mid 0)$

Verhalten für $|x| \to 0$:

$$\lim_{x \to 0+} \frac{x^2 - 1}{x} = -\infty; \quad \lim_{x \to 0-} \frac{x^2 - 1}{x} = +\infty$$

Verhalten für $|x| \to \infty$:

Aus $f(x) = \frac{x^2 - 1}{x} = x - \frac{1}{x}$ folgt, dass die Gerade $y = x$ schräge Asymptote des Graphen von f ist.

Nachweis:

$$\lim_{|x| \to \infty} |f(x) - x| = \lim_{|x| \to \infty} \left| x - \frac{1}{x} - x \right| = 0$$

lokale Extrempunkte:

$$f'(x) = \frac{2x \cdot x - (x^2 - 1) \cdot 1}{x^2} = \frac{2x^2 - x^2 + 1}{x^2} = \frac{x^2 + 1}{x^2}$$

$f'(x) > 0$ für alle $x \in \mathbb{R} \setminus \{0\}$

Es gibt keine lokalen Extrempunkte.

Wendepunkte:

$$f''(x) = \frac{2x \cdot x^2 - (x^2 + 1) \cdot 2x}{x^4} = \frac{2x^3 - 2x^3 - 2x}{x^4} = \frac{-2x}{x^4} = \frac{-2}{x^3}$$

Ergebnis: Es existieren keine Wendepunkte.

Graph:

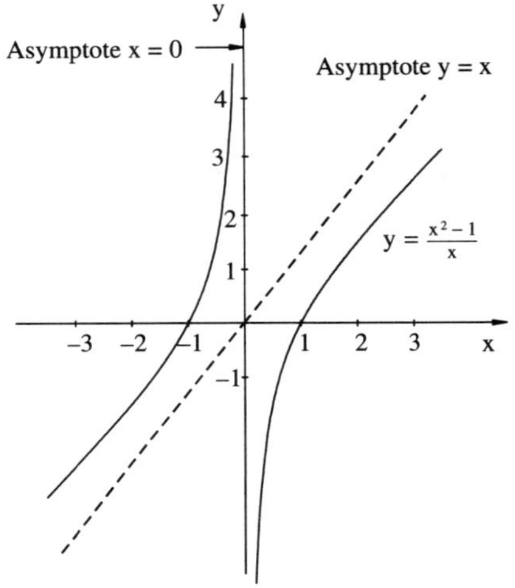

b) *maximale Definitionsmenge*:

$D_f = \mathbb{R} \setminus \{4\}$

Symmetrieverhalten:

$$f(-x) = \frac{2-(-x)}{-x-4} = \frac{2+x}{-x-4}$$

G_f ist weder punktsymmetrisch zum Ursprung noch achsensymmetrisch zur y-Achse.

Schnittpunkte mit den Koordinatenachsen:

$$f(0) = -\tfrac{1}{2} \;\Rightarrow\; S\left(0 \middle| -\tfrac{1}{2}\right)$$

$$\begin{aligned} f(x) = 0 &\Leftrightarrow 2 - x = 0 \\ &\Leftrightarrow \quad x = 2 \end{aligned}$$

$\Rightarrow N(2 \mid 0)$

Verhalten für $|x| \to 4$:

Die Gerade x = 4 ist senkrechte Asymptote von G_f.

$$\lim_{x \to 4+} \frac{2-x}{x-4} = -\infty$$

$$\lim_{x \to 4-} \frac{2-x}{x-4} = +\infty$$

Verhalten für $|x| \to \infty$:
Aus

$$\lim_{|x| \to \infty} \frac{2-x}{x-4} = \lim_{|x| \to \infty} \frac{x\left(\frac{2}{x}-1\right)}{\left(1-\frac{4}{x}\right)} = \lim_{|x| \to \infty} \frac{\frac{2}{x}-1}{1-\frac{4}{x}} = -1$$

folgt, dass $y = -1$ horizontale Asymptote des Graphen von f ist.

lokale Extrempunkte:

$$f'(x) = \frac{-1(x-4)-(2-x)}{(x-4)^2} = \frac{-x+4-2+x}{(x-4)^2} = \frac{2}{(x-4)^2}$$

Ergebnis: Es existieren keine lokalen Extrempunkte.

Wendepunkte:

$$f''(x) = \frac{-4}{(x-4)^3}$$

Ergebnis: Es existieren keine Wendepunkte.

Graph:

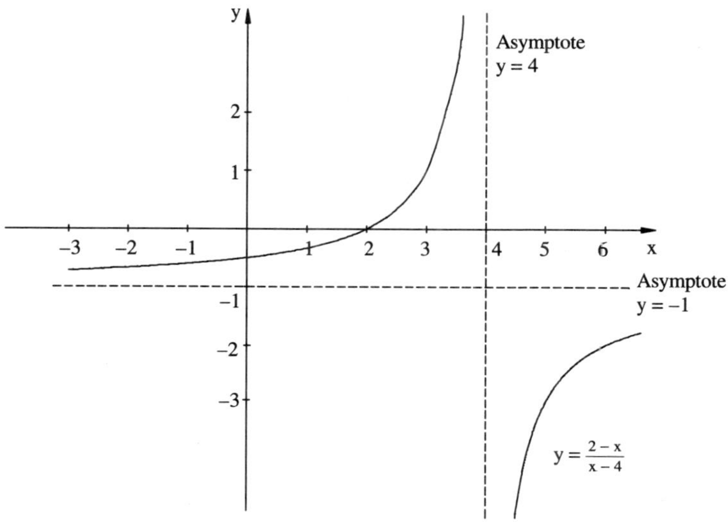

c) *maximale Definitionsmenge:*
$D_f = \mathbb{R} \setminus \{0\}$

Symmetrieverhalten:

$$f(-x) = \frac{1-(-x)^2}{(-x)^2} = \frac{1-x^2}{x^2} = f(x)$$

G_f ist achsensymmetrisch zur y-Achse.

Schnittpunkte mit den Koordinatenachsen:

$f(x) = 0 \quad\Leftrightarrow\quad 1 - x^2 = 0 \quad\Leftrightarrow\quad x = 1 \quad\vee\quad x = -1$

Ergebnis: $N_1(1\,|\,0)$; $N_2(-1\,|\,0)$

Verhalten für $|x| \to 0$:

An der Stelle $x = 0$ liegt ein Pol 2. Ordnung (ohne Vorzeichenwechsel) vor. Die y-Achse ist senkrechte Asymptote von G_f.

$$\lim_{|x|\to 0} \frac{1-x^2}{x^2} = \infty$$

Verhalten für $|x| \to \infty$:

Aus

$$\lim_{|x|\to\infty} \frac{1-x^2}{x^2} = \lim_{|x|\to\infty} \frac{x^2\left(\frac{1}{x^2}-1\right)}{x^2} = \lim_{|x|\to\infty} \frac{\frac{1}{x^2}-1}{1} = -1$$

folgt, dass die Gerade $y = -1$ horizontale Asymptote ist.

lokale Extrempunkte:

$$f'(x) = \frac{-2x \cdot x^2 - (1-x^2)\,2x}{x^4} = \frac{-2x^3 - 2x + 2x^3}{x^4} = \frac{-2}{x^3}$$

Ergebnis: Es existieren keine lokalen Extrempunkte.

Wendepunkte:

$f''(x) = \frac{6}{x^4} \quad\Rightarrow\quad$ Es existieren keine Wendepunkte.

Graph:

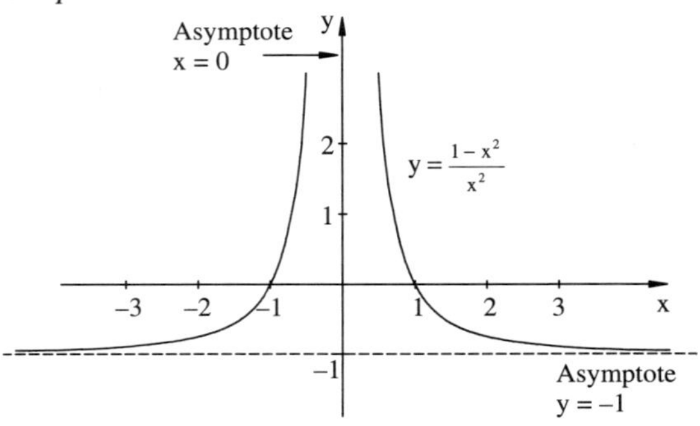

d) *maximale Definitionsmenge:*
$D_f = \mathbb{R}$

Symmetrieverhalten:
$$f(-x) = \frac{4(-x)}{(-x)^2+4} = -\frac{4x}{x^2+4} = -f(x)$$
G_f ist punktsymetrisch zum Ursprung.

Schnittpunkte mit den Koordinatenachsen:
$f(0) = 0 \;\Rightarrow\; S(0|0)$

Verhalten für $|x| \to \infty$:
$$\lim_{|x|\to\infty} \frac{4x}{x^2+4} = \lim_{|x|\to\infty} \frac{x^2 \cdot \frac{4}{x}}{x^2\left(1+\frac{4}{x^2}\right)} = \lim_{|x|\to\infty} \frac{\frac{4}{x}}{1+\frac{4}{x^2}} = 0$$
Die x-Achse ist horizontale Asymptote von G_f.

lokale Extrempunkte:
$$f'(x) = \frac{4(x^2+4)-4x\cdot 2x}{(x^2+4)^2} = \frac{4x^2+16-8x^2}{(x^2+4)^2} = \frac{16-4x^2}{(x^2+4)^2}$$
$$f''(x) = \frac{-8x(x^2+4)^2-(16-4x^2)\cdot 2(x^2+4)\cdot 2x}{(x^2+4)^4}$$
$$= \frac{-8x(x^2+4)-(16-4x^2)\cdot 4x}{(x^2+4)^3} = \frac{-8x^3-32x-64x+16x^3}{(x^2+4)^3}$$
$$= \frac{8x^3-96x}{(x^2+4)^3} = \frac{8x(x^2-12)}{(x^2+4)^3}$$
$f'(x) = 0 \;\Leftrightarrow\; 16-4x^2 = 0 \;\Leftrightarrow\; x^2 = 4 \;\Leftrightarrow\; x = 2 \vee x = -2$
$f''(2) < 0$, also Hochpunkt $H(2|1)$
$f''(-2) > 0$, also Tiefpunkt $T(-2|-1)$

Wendepunkte:
$$f''(x) = 0 \Leftrightarrow x(x^2-12) = 0$$
$$\Leftrightarrow x = 0 \vee x^2 = 12$$
$$\Leftrightarrow x = 0 \vee x = 2\sqrt{3} \vee x = -2\sqrt{3}$$

In der Umgebung der Tiefstelle ist der Graph linksgekrümmt, in der Umgebung der Hochstelle rechtsgekrümmt. Dazwischen muss eine Wendestelle liegen und diese liegt bei $x = 0$.
Für $x \to -\infty$ nähert sich der Graph von unten der x-Achse. An der Stelle $x = -2$ hat der Graph einen Tiefpunkt. Daraus folgt, dass der Graph von einer Rechtskrümmung in eine Linkskrümmung übergehen muss. Der „Übergangspunkt" ist der Wendepunkt $W\left(-2\sqrt{3}\,\middle|\,-\frac{1}{2}\sqrt{3}\right)$ von G_f.

Aus der Punktsymmetrie folgt, dass $W\left(2\sqrt{3}\,\middle|\,\frac{1}{2}\sqrt{3}\right)$ der dritte Wendepunkt von G_f ist.

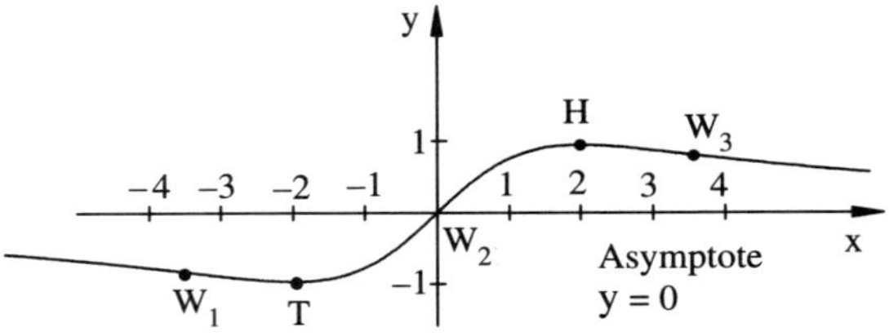

e) *maximale Definitionsmenge:*

$D_f = \mathbb{R}$

Symmetrieverhalten:

$$f(-x) = \frac{4}{(-x)^2+1} = \frac{4}{x^2+1} = f(x)$$

G_f ist achsensymmetrisch zur y-Achse.

Schnittpunkte mit den Koordinatenachsen:

$f(0) = 4 \Rightarrow S(0|4)$

Verhalten für $|x| \to \infty$:

$$\lim_{|x|\to\infty} \frac{4}{x^2+1} = 0$$

Die x-Achse ist horizontale Asymptote von G_f.

lokale Extrempunkte:

$$f'(x) = \frac{-4}{(x^2+1)^2} \cdot 2x = \frac{-8x}{(x^2+1)^2}$$

$$f''(x) = \frac{-8(x^2+1)^2 + 8x \cdot 2(x^2+1) \cdot 2x}{(x^2+1)^4} = \frac{-8(x^2+1)+32x^2}{(x^2+1)^3} = \frac{24x^2-8}{(x^2+1)^3}$$

$f'(x) = 0 \quad \Leftrightarrow \quad x = 0$

$f''(0) < 0$, also Hochpunkt $H(0|4)$

Wendepunkte:

$$f''(x) = 0 \Leftrightarrow 24x^2 - 8 = 0 \Leftrightarrow 3x^2 - 1 = 0$$

$$\Leftrightarrow \qquad x = \frac{\sqrt{3}}{3} \vee x = -\frac{\sqrt{3}}{3}$$

In der Umgebung der Hochstelle ist der Graph rechtsgekrümmt. Für $x \to \infty$ nähert sich G_f von oben der x-Achse. Der Graph von f muss demnach im Intervall $[0; \infty[$ sein Krümmungsverhalten ändern. Die Wendestelle liegt bei $x = \frac{\sqrt{3}}{3}$.

Aus Symmetriegründen ist die andere Wendestelle bei $x = -\frac{\sqrt{3}}{3}$.

Also:

$W_1\left(-\frac{\sqrt{3}}{3}\middle|3\right)$; $W_2\left(\frac{\sqrt{3}}{3}\middle|3\right)$

Graph:

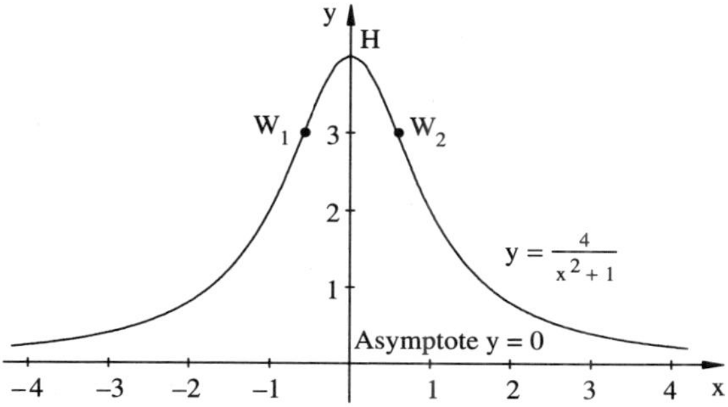

f) *maximale Definitionsmenge*:

$D_f = \mathbb{R} \setminus \{2; -2\}$

Symmetrieverhalten:

$$f(-x) = \frac{-4(-x)}{(-x)^2 - 4} = \frac{4x}{x^2 - 4} = -f(x)$$

G_f ist punktsymmetrisch zum Koordinatenursprung.

Schnittpunkte mit den Koordinantenachsen:

$f(0) = 0 \Rightarrow S(0\,|\,0)$

Verhalten für $|x| \to \infty$:

$$\lim_{|x|\to\infty} \frac{-4x}{x^2 - 4} = 0$$

Die x-Achse ist horizontale Asymptote von G_f.

Verhalten für $x \to 2$ und $x \to -2$:

An den Stellen $x = -2$ und $x = 2$ liegt jeweils ein Pol 1. Ordnung (mit Vorzeichenwechsel) vor. Die Gerade $x = -2$ und $x = 2$ ist jeweils senkrechte Asymptote von G_f.

$$\lim_{|x|\to 2+} \frac{-4}{(x+2)(x-2)} = -\infty$$

$$\lim_{|x|\to 2-} \frac{-4}{(x+2)(x-2)} = +\infty$$

Aus Symmetriegründen gilt:

$$\lim_{x \to -2-} f(x) = +\infty; \quad \lim_{x \to -2+} f(x) = -\infty$$

lokale Extrempunkte:

$$f'(x) = \frac{-4(x^2-4) - 2x(-4x)}{(x^2-4)^2} = \frac{-4x^2+16+8x^2}{(x^2-4)^2}$$

$$= \frac{4x^2+16}{(x^2-4)^2} > 0 \text{ für alle } x \in \mathbb{R} \setminus \{2; -2\}$$

G_f besitzt keine lokalen Extrempunkte.

Wendepunkte:

$$f''(x) = \frac{8x(x^2-4)^2 - 2(x^2-4)\cdot 2x(4x^2+16)}{(x^2-4)^4} = \frac{8x(x^2-4) - 4x(4x^2+16)}{(x^2-4)^3}$$

$$= \frac{4x(2x^2-8-4x^2-16)}{(x^2-4)^3} = \frac{4x(-2x^2-24)}{(x^2-4)^3} = \frac{-8x(x^2+12)}{(x^2-4)^2}$$

$f''(x) = 0 \iff x = 0$

Wir wissen bereits, dass sich der Graph G_f für $x \to -2+$ asymptotisch der Geraden $x = -2$ nähert. Für $x \to 2-$ nähert sich G_f asymptotisch der Geraden $x = 2$.

Der Graph muss folglich von einer Rechtskrümmung in eine Linkskrümmung übergehen. Der Übergang erfolgt im Wendepunkt W(0 | 0).

Graph:

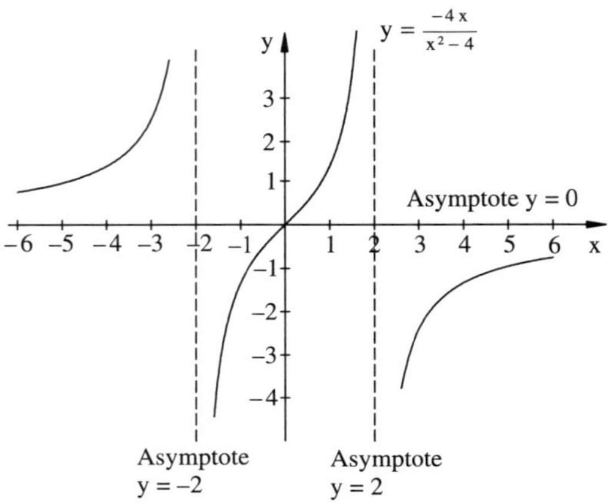

96. a) *maximale Definitionsmenge*:

$D_f = \mathbb{R} \setminus \{0\}$

Nullstellen:

$$f(x) = 0 \quad \Leftrightarrow \quad x^2 - 6x + 5 = 0$$
$$\Leftrightarrow \quad (x-1)(x-5) = 0$$
$$\Leftrightarrow \quad x = 1 \;\vee\; x = 5$$

Also: $N_1\,(1 \mid 0)$; $N_2(5 \mid 0)$

Pole:

An der Stelle $x = 0$ liegt ein Pol 1. Ordnung mit Vorzeichenwechsel vor.

Verhalten für $|x| \to \infty$:

Aus $f(x) = \frac{x^2 - 6x + 5}{3x} = \frac{1}{3}x - 2 + \frac{5}{3x}$ folgt, dass die Gerade $y = \frac{1}{3}x - 2$ schräge Asymptote von G_f ist.

Nachweis:

$$\lim_{x\to\infty} \left| f(x) - \left(\tfrac{1}{3}x - 2\right) \right| = \lim_{x\to\infty} \left| \tfrac{1}{3}x - 2 + \tfrac{5}{3x} - \tfrac{1}{3}x + 2 \right| = 0$$

lokale Extrempunkte:

$$f'(x) = \frac{1}{3} \cdot \frac{(2x-6)\cdot x - (x^2 - 6x + 5)\cdot 1}{x^2} = \frac{1}{3}\,\frac{2x^2 - 6x - x^2 + 6x - 5}{x^2}$$
$$= \frac{1}{3} \cdot \frac{x^2 - 5}{x^2}$$

$$f''(x) = \frac{1}{3} \cdot \frac{2x \cdot x^2 - (x^2 - 5)\cdot 2x}{x^4} = \frac{1}{3} \cdot \frac{2x^3 - 2x^3 + 10x}{x^4} = \frac{1}{3} \cdot \frac{10}{x^3}$$

$$f'(x) = 0 \quad \Leftrightarrow \quad x^2 - 5 = 0 \quad \Leftrightarrow \quad x = \sqrt{5} \;\vee\; x = -\sqrt{5}$$

$f''(\sqrt{5}) > 0$, also Tiefpunkt $T\left(\sqrt{5} \approx 2{,}2 \,\middle|\, \frac{10 - 6\sqrt{5}}{3\sqrt{5}} \approx -0{,}5 \right)$

$f''(-\sqrt{5}) < 0$, also Hochpunkt $H\left(-\sqrt{5} \approx -2{,}2 \,\middle|\, \frac{10 + 6\sqrt{5}}{-3\sqrt{5}} \approx -3{,}5 \right)$

Wendepunkte:

keine

Graph:

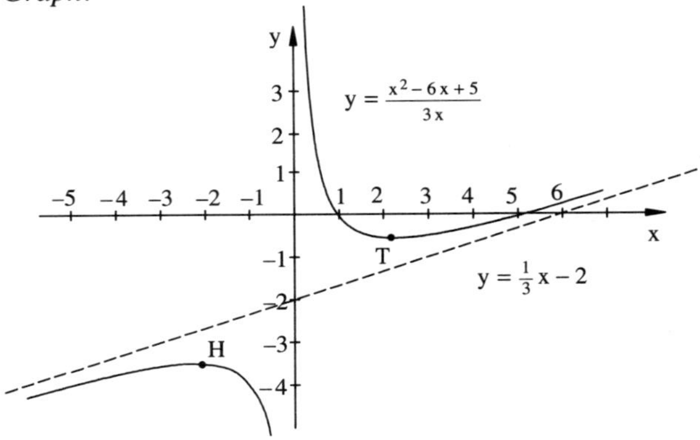

b) *maximale Definitionsmenge*:
$x^2 + 3x + 2 = 0 \Leftrightarrow (x + 1)(x + 2) = 0 \Leftrightarrow x = -1 \vee x = -2$
Also:
$D_f = \mathbb{R} \setminus \{-1; -2\}$
Nullstellen:
$f(x) = 0 \Leftrightarrow x^2 - 3x + 2 = 0 \Leftrightarrow (x - 1)(x - 2) = 0 \Leftrightarrow x = 1 \vee x = 2$
Also:
$N_1(1 \mid 0); N_2(2 \mid 0)$
Pole:
An den Stellen $x = -1$ und $x = -2$ liegt jeweils ein Pol 1. Ordnung mit Vorzeichenwechsel vor.
Verhalten für $|x| \to \infty$:
Aus

$$\lim_{|x|\to\infty} \frac{x^2 - 3x + 2}{x^2 + 3x + 2} = \lim_{|x|\to\infty} \frac{x^2\left(1 - \frac{3}{x} + \frac{2}{x^2}\right)}{x^2\left(1 + \frac{3}{x} + \frac{2}{x^2}\right)} = \lim_{|x|\to\infty} \frac{1 - \frac{3}{x} + \frac{2}{x^2}}{1 + \frac{3}{x} + \frac{2}{x^2}} = 1$$

folgt, dass $y = 1$ horizontale Asymptote von G_f ist.

lokale Extrempunkte:

$$f'(x)=\frac{(2x-3)(x^2+3x+2)-(x^2-3x+2)(2x+3)}{(x^2+3x+2)^2}$$

$$=\frac{2x^3+6x^2+4x-3x^2-9x-6-2x^3-3x^2+6x^2+9x-4x-6}{(x^2+3x+2)^2}$$

$$=\frac{6x^2-12}{(x^2+3x+2)^2}=6\frac{x^2-2}{(x^2+3x+2)^2}$$

$$f''(x)=6\cdot\frac{2x(x^2+3x+2)^2-(x^2-2)\cdot 2(x^2+3x+2)(2x+3)}{(x^2+3x+2)^4}$$

$$=6\cdot\frac{2x(x^2+3x+2)-2(x^2-2)(2x+3)}{(x^2+3x+2)^3}$$

$$=6\cdot\frac{2x^3+6x^2+4x-4x^3-6x^2+8x+12}{(x^2+3x+2)^3}$$

$$=6\cdot\frac{-2x^3+12x+12}{(x^2+3x+2)^3}=12\cdot\frac{-x^3+6x+6}{(x^2+3x+2)^3}$$

$$f'(x)=0 \;\Leftrightarrow\; x^2-2=0 \;\Leftrightarrow\; x=\sqrt{2} \;\vee\; x=-\sqrt{2}$$

$f''(\sqrt{2})>0$, also Tiefpunkt $T\left(\sqrt{2}\,\middle|\,\frac{(4-3\sqrt{2})^2}{-2}\approx -0{,}03\right)$

Nebenrechnung:

$$f(\sqrt{2})=\frac{2-3\sqrt{2}+2}{2+3\sqrt{2}+2}=\frac{4-3\sqrt{2}}{4+3\sqrt{2}}=\frac{(4-3\sqrt{2})^2}{-2}$$

$f''(-\sqrt{2})<0$, als Hochpunkt $H\left(-\sqrt{2}\,\middle|\,\frac{(4+3\sqrt{2})^2}{-2}\approx -34\right)$

Nebenrechnung:

$$f(-\sqrt{2})=\frac{4+3\sqrt{2}}{4-3\sqrt{2}}=\frac{(4+3\sqrt{2})^2}{-2}$$

Graph:

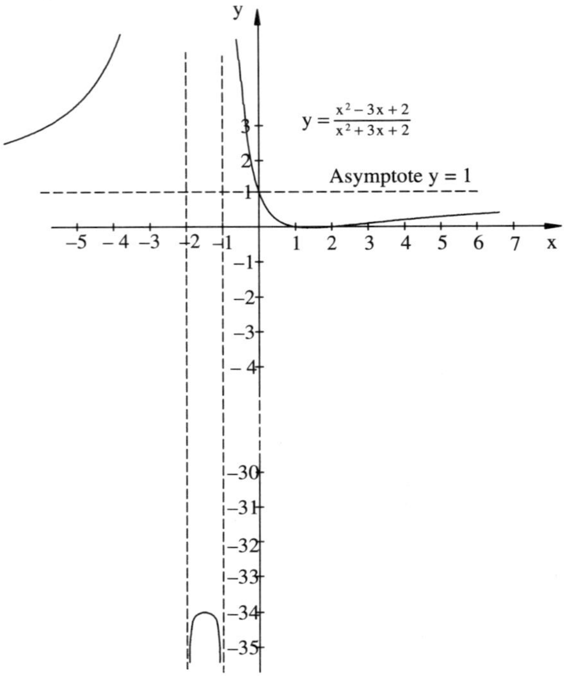

c) *maximale Definitionsmenge*:
$D_f = \mathbb{R} \setminus \{-2\}$

Nullstellen:

$$f(x) = 0 \Leftrightarrow x^2 - 6x = 0 \Leftrightarrow x(x-6) = 0$$
$$\Leftrightarrow x = 0 \vee x = 6$$

Also: N_1 (0 | 0); N_2(6 | 0)

Pole:

An der Stelle x = –2 liegt ein Pol 1. Ordnung mit Vorzeichenwechsel vor.

Verhalten für $|x| \to \infty$:

Der Grad des Zählerpolynoms ist um Eins größer als der Grad des Nennerpolynoms. Daraus folgt, dass G_f eine schräge Asymptote hat.

Wir finden die Gleichung der schrägen Asymptote durch Polynomdivision:

$$\begin{array}{l}(x^2-6x):(x+2)=x-8+\frac{16}{x+2}\\ \underline{-(x^2+2x)}\\ \quad -8x\\ \underline{\quad -(-8x-16)}\\ \qquad 16\end{array}$$

Also:

$$f(x)=\frac{1}{3}\frac{x^2-6x}{x+2}=\frac{1}{3}\left(x-8+\frac{16}{x+2}\right)$$

Die Gerade mit der Gleichung $y=\frac{1}{3}x-\frac{8}{3}$ ist schräge Asymptote von G_f.

lokale Extrempunkte:

$$f'(x)=\frac{1}{3}\frac{(2x-6)(x+2)-(x^2-6x)\cdot 1}{(x+2)^2}=\frac{1}{3}\frac{2x^2+4x-6x-12-x^2+6x}{(x+2)^2}$$

$$=\frac{1}{3}\frac{x^2+4x-12}{(x+2)^2}=\frac{1}{3}\frac{(x+6)(x-2)}{(x+2)^2}$$

$$f''(x)=\frac{1}{3}\frac{(2x+4)(x+2)^2-(x^2+4x-12)\cdot 2(x+2)}{(x+2)^4}$$

$$=\frac{1}{3}\frac{(2x+4)(x+2)-2(x^2+4x-12)}{(x+2)^3}$$

$$=\frac{1}{3}\frac{2x^2+4x+4x+8-2x^2-8x+24}{(x+2)^3}=\frac{1}{3}\cdot\frac{32}{(x+2)^3}$$

$f'(x)=0 \;\Leftrightarrow\; (x+6)(x-2)=0 \;\Leftrightarrow\; x=-6 \;\vee\; x=2$

$f''(-6)<0$, also Hochpunkt $H(-6\,|\,-6)$

$f''(2)>0$, also Tiefpunkt $T\left(2\,\middle|\,-\frac{2}{3}\right)$

Wendepunkte:
keine

Graph:

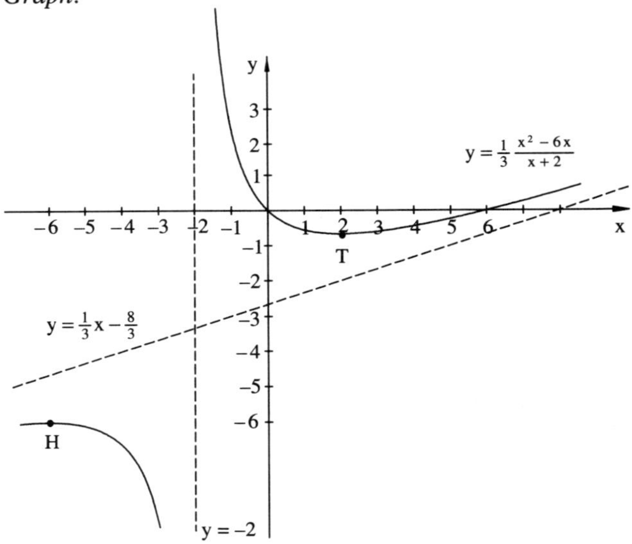

97. a) Abbildung 2

b) Abbildung 4

c) Abbildung 3

d) Abbildung 1

98. a) $D_f = \mathbb{R} \setminus \{-2\}$

$$\lim_{x \to -2+} \frac{x^2 - 5x + 4}{x + 2} = +\infty$$

$$\lim_{x \to -2-} \frac{x^2 - 5x + 4}{x + 2} = -\infty$$

b) $f(x) = \frac{x^2 - 5x + 4}{x + 2} = \frac{(x-1)(x-4)}{x+2}$

$$f(x) = 0 \iff (x-1)(x-4) = 0$$
$$\iff x = 1 \lor x = 4$$

Also: $N_1(1 \mid 0)$; $N_2(4 \mid 0)$

c) $f(0) = 2$, also $S(0 \mid 2)$

d) *senkrechte Asymptote*: x = –2
schräge Asymptote: y = x – 7

$$(x^2 - 5x + 4) : (x + 2) = x - 7 + \frac{18}{x+2}$$
$$\underline{-(x^2 + 2x)}$$
$$-7x + 4$$
$$\underline{-(-7x - 14)}$$
$$18$$

Graph:

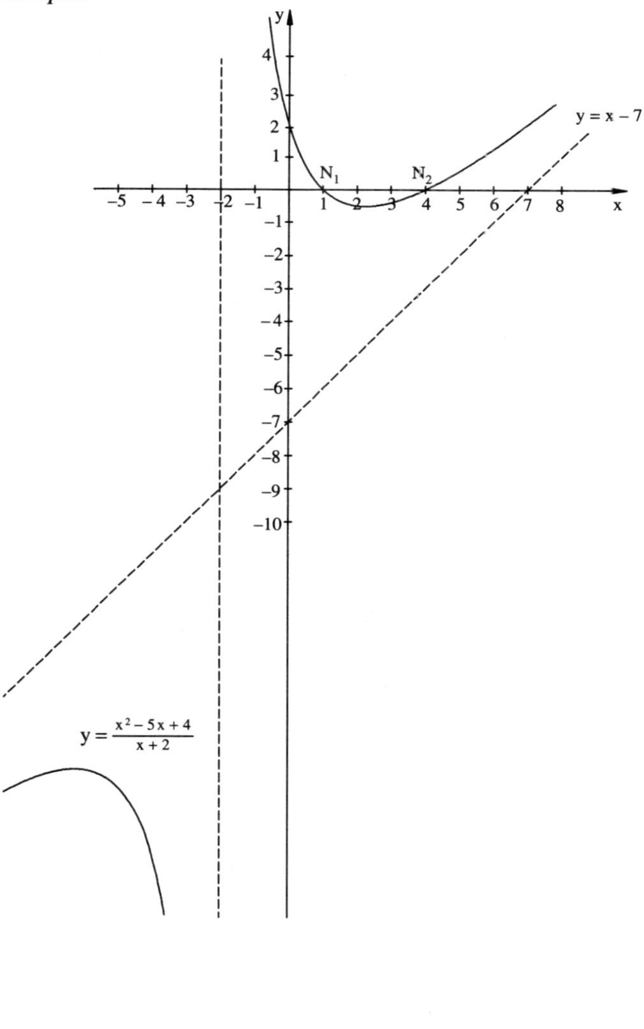

99. a) $f(x) = \frac{x^2}{x+1}$

$f'(x) = \frac{2x \cdot (x+1) - x^2 \cdot 1}{(x+1)^2} = \frac{2x^2 + 2x - x^2}{(x+1)^2} = \frac{x^2 + 2x}{(x+1)^2}$

$f'(x) = 0 \iff x^2 + 2x = 0 \iff x(x+2) = 0$

$\iff x = 0 \vee x = -2$

Also: Tiefpunkt T(0|0); Hochpunkt H(–2|–4)

b) $f(x) = \frac{x^2 + x - 2}{x^2}$

$f'(x) = \frac{(2x+1)x^2 - (x^2 + x - 2) \cdot 2x}{x^4} = \frac{2x^3 + x^2 - 2x^3 - 2x^2 + 4x}{x^4}$

$= \frac{-x^2 + 4x}{x^4} = -\frac{x-4}{x^3}$

$f'(x) = 0 \iff x - 4 = 0 \iff x = 4$

Also: Hochpunkt $H\left(4 \middle| \frac{9}{8}\right)$

100. a) $\int_2^4 \frac{x-2}{x}\,dx = \int_2^4 \left(1 - \frac{2}{x}\right) dx = [x - 2\ln|x|]_2^4 = 4 - 2\ln 4 - 2 + 2\ln 2$

$= 2 - 2(\ln 4 - \ln 2) = 2 - 2\ln\frac{4}{2} = 2 - 2\ln 2$

b) $\int_{-1}^{2} \frac{8x}{x^2+2}\,dx = 4\int_{-1}^{2} \frac{2x}{x^2+2}\,dx = 4\left[\ln|x^2+2|\right]_{-1}^{2} = 4(\ln 6 - \ln 3)$

$= 4\ln\frac{6}{3} = 4\ln 2$

c) $\frac{1}{2}\int_{-4}^{0}\left(x + 4 + \frac{9}{x-2}\right) dx = \frac{1}{2}\left[\frac{x^2}{2} + 4x + 9\ln|x-2|\right]_{-4}^{0}$

$= \frac{1}{2}[9\ln 2 - (8 - 16 + 9\ln 6)]$

$= \frac{1}{2}(9\ln 2 - 9\ln 6 + 8)$

$= \frac{1}{2} \cdot \left(9\ln\frac{1}{3} + 8\right) = 4 + 4{,}5(-\ln 3)$

$= 4 - 4{,}5\ln 3$

d) $\int_0^2 \left(\frac{2}{x-3} + \frac{3}{2x+4} \right) dx = \int_0^2 \left(\frac{2}{x-3} + \frac{3}{2(x+2)} \right) dx$

$= \left[2 \ln|x-3| + \frac{3}{2} \ln|x+2| \right]_0^2$

$= 2 \ln 1 + \frac{3}{2} \ln 4 - 2 \ln 3 - \frac{3}{2} \ln 2$

$= 3 \ln 2 - 2 \ln 3 - \frac{3}{2} \ln 2$

$= 1{,}5 \ln 2 - 2 \ln 3$

101. a) $\int_1^2 \frac{-3}{2x+0{,}5} dx = -\frac{3}{2} \int_1^2 \frac{1}{x+\frac{1}{4}} dx = -\frac{3}{2} \left[\ln \left| x + \frac{1}{4} \right| \right]_1^2$

$= -\frac{3}{2} \left(\ln \frac{9}{4} - \ln \frac{5}{4} \right) = -\frac{3}{2} \ln \frac{9}{5}$

b) $\int_0^2 \frac{(x+2)^2}{4(x+1)} dx = \frac{1}{4} \int_0^2 \frac{x^2+4x+4}{x+1} dx$

Durch Polynomdivision erhält man:

$= \frac{1}{4} \int_0^2 \left(x + 3 + \frac{1}{x+1} \right) dx$

$= \frac{1}{4} \left[\frac{x^2}{2} + 3x + \ln|x+1| \right]_0^2$

$= \frac{1}{4}(2 + 6 + \ln 3) = \frac{1}{4}(8 + \ln 3) = 2 + \frac{1}{4} \ln 3$

Nebenrechnung:

$$
\begin{array}{l}
(x^2 + 4x + 4) : (x+1) = x + 3 + \frac{1}{x+1} \\
\underline{-(x^2 + x)} \\
\quad\quad 3x + 4 \\
\quad\quad \underline{-(3x + 3)} \\
\quad\quad\quad\quad 1
\end{array}
$$

c) $$\int_{-2}^{0}\left(x-\frac{2x-4}{1-x}\right)dx=\int_{-2}^{0}\frac{x-x^2-2x+4}{1-x}\,dx=\int_{-2}^{0}\frac{-x^2-x+4}{1-x}\,dx$$
$$=\int_{-2}^{0}\frac{x^2+x-4}{x-1}\,dx=\int_{-2}^{0}\left(x+2-\frac{2}{x-1}\right)dx$$
$$=\left[\frac{x^2}{2}+2x-2\ln|x-1|\right]_{-2}^{0}$$
$$=-(2-4-2\ln 3)=2+2\ln 3$$

Nebenrechnung:

$$(x^2+x-4):(x-1)=x+2-\frac{2}{x-1}$$
$$\underline{-(x^2-x)}$$
$$2x-4$$
$$\underline{-(2x-2)}$$
$$-2$$

102. a) $$g'(x)=2\cdot\frac{1}{x^2+4}\cdot 2x=\frac{4x}{x^2+4}=f(x)$$

b) $$\int_{1}^{b}\frac{4x}{x^2+4}\,dx=2\left[\ln(x^2+4)\right]_1^b=2[\ln(b^2+4)-\ln 5]$$

Aus

$2\,[\ln(b^2+4)-\ln 5]=4\ln 2 \quad\wedge\quad b>0$

folgt

$$\ln\frac{b^2+4}{5}=2\ln 2$$
$$\Leftrightarrow\quad \ln\frac{b^2+4}{5}=\ln 4$$
$$\Leftrightarrow\quad \frac{b^2+4}{5}=4 \quad\Leftrightarrow\quad b^2=16 \quad\Leftrightarrow\quad b=4$$

Für b = 4 hat das Flächenstück den Inhalt 4 ln 2.

103. a) G_f berührt genau dann G_g an der Stelle x = 1, wenn gilt:

$f(1)=g(1) \quad\vee\quad f'(1)=g'(1)$.

Im Einzelnen:

$$\left.\begin{matrix}f(1)=5\\ g(1)=5\end{matrix}\right\}\Rightarrow f(1)=g(1)$$

$$f'(x) = \frac{-5 \cdot x^3 - (10-5x)\,3x^2}{x^6} = \frac{-5x^3 - 30x^2 + 15x^3}{x^6}$$
$$= \frac{10x^3 - 30x^2}{x^6} = 10 \cdot \frac{x-3}{x^4}$$
$$g'(x) = -\frac{20}{x^2}$$

Also:

$$\left.\begin{array}{l} f'(1) = 10 \cdot (-2) = -20 \\ g'(1) = -20 \end{array}\right\} \Rightarrow f'(1) = g'(1)$$

Damit ist gezeigt, dass beide Graphen einander an der Stelle x = 1 berühren.

b) $$A = \int_1^2 \frac{10-5x}{x^3}\,dx - \int_1^{\frac{4}{3}} \left(\frac{20}{x} - 15\right) dx$$
$$= [-5x^{-2} + 5x^{-1}]_1^2 - [20 \ln x - 15x]_1^{\frac{4}{3}}$$
$$= -\frac{5}{4} + \frac{5}{2} - (-5+5) - \left[20 \ln \frac{4}{3} - 15 \cdot \frac{4}{3} + 15\right]$$
$$= -\frac{5}{4} + \frac{5}{2} - 20 \ln \frac{4}{3} + 5 = 6{,}25 - 20 \ln \frac{4}{3} \approx 0{,}5\,[\text{FE}]$$

$\Rightarrow$ g ist für alle $x \in \mathbb{R} \setminus \{-1\}$ monoton steigend.

104. a) Die Gerade x = –1 ist senkrechte Asymptote, die Gerade y = x – 1 ist schräge Asymptote von G_f.

b) $$g'(x) = \frac{2x(x+1) - (x^2-4)}{(x+1)^2} = \frac{2x^2 + 2x - x^2 + 4}{(x+1)^2} = \frac{x^2 + 2x + 4}{(x+1)^2}$$
$$= \frac{(x+1)^2 + 3}{(x+1)^2} > 0 \text{ für alle } x \in \mathbb{R} \setminus \{-1\}$$

c) $$g(x) = \frac{x^2 - 4}{x+1}$$

$$\begin{array}{l} (x^2 - 4) : (x+1) = x - 1 - \frac{3}{x+1} \\ \underline{-(x^2 + x)} \\ \quad -x - 4 \\ \quad \underline{-(-x-1)} \\ \qquad -3 \end{array}$$

$$\lim_{|x| \to \infty} |g(x) - (x-1)| = \lim_{|x| \to \infty} \left| -\frac{3}{x+1} \right| = 0$$

d)

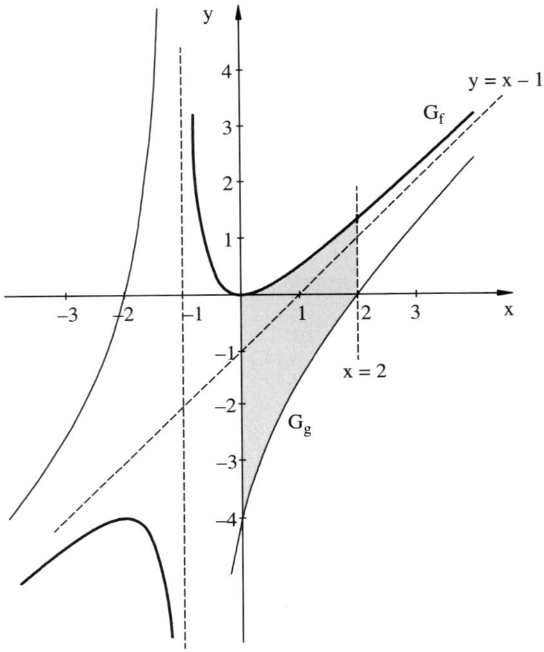

e) $A = \int_0^2 \left(\frac{x^2}{x+1} - \frac{x^2-4}{x+1} \right) dx = \int_0^2 \frac{4}{x+1}\, dx = 4\,[\ln|x+1|]_0^2 = 4 \ln 3\ \text{[FE]}$

105. a) $f(x) = \frac{2x^3+2}{x^2} = 2x + \frac{2}{x^2}$

$\lim\limits_{|x|\to\infty} |f(x) - 2x| = \lim\limits_{|x|\to\infty} \left| 2x + \frac{2}{x^2} - 2x \right| = \lim\limits_{|x|\to\infty} \left| \frac{2}{x^2} \right| = 0$

Damit ist gezeigt, dass die Gerade y = 2x schräge Asymptote von G_f ist.

b) (1) $A(u) = \left| \int_1^u \left(2x + \frac{2}{x^2} - 2x \right) dx \right| = \left| \int_1^u \frac{2}{x^2}\, dx \right| = \left| [-2 \cdot x^{-1}]_1^u \right|$

$= \left| -2\left(\frac{1}{u} - 1 \right) \right| = \left| 2 - \frac{2}{u} \right|$

(2) Der Term $\left|2-\frac{2}{u}\right|$ ist die Flächenmaßzahl des Flächenstücks A.

1. Fall: $u > 1$

Die Flächenmaßzahl soll 1 sein. Also:

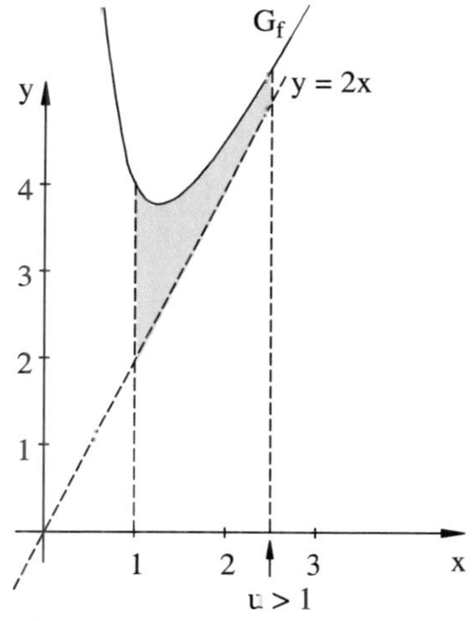

$$2-\frac{2}{u}=1 \quad \Leftrightarrow \quad 2-1=\frac{2}{u} \quad \Leftrightarrow \quad 1=\frac{2}{u} \quad \Leftrightarrow \quad u=2$$

2. Fall: $0 < u < 1$

Die Flächenmaßzahl soll 1 sein. Also:

$$-\left(2-\frac{2}{u}\right)=1 \quad \Leftrightarrow \quad 2-\frac{2}{u}=-1 \quad \Leftrightarrow \quad 3=\frac{2}{u} \quad \Leftrightarrow \quad u=\frac{2}{3}$$

Zusammenfassung:

Die Gleichung $\left|2-\frac{2}{u}\right|=1 \ \wedge \ u>0$ hat die Lösungen $u=\frac{2}{3}$ und $u=2$.

(3) $\lim\limits_{u\to\infty} A(u) = \lim\limits_{u\to\infty} \left|2-\frac{2}{u}\right| = 2$

$\lim\limits_{u\to 0} A(u) = \lim\limits_{u\to 0} \left|2-\frac{2}{u}\right| = \infty$

106. Wir berechnen die Schnittstelle beider Graphen:

$$1-\frac{2}{x}+\frac{1}{x^2}=\frac{4}{x^2} \ \wedge \ x\in \mathbb{R}^+$$

$$\Leftrightarrow \quad 1-\frac{2}{x}-\frac{3}{x^2}=0 \quad |\cdot x^2$$

$$\Leftrightarrow \quad x^2-2x-3=0$$

$$\Leftrightarrow \quad (x-3)(x+1)=0 \quad \Leftrightarrow \quad x=3$$

Also:

$$A=\int_1^3\left[\frac{4}{x^2}-\left(1-\frac{2}{x}+\frac{1}{x^2}\right)\right]dx=\int_1^3\left(\frac{3}{x^2}-1+\frac{2}{x}\right)dx$$

$$=\left[-\frac{3}{x}-x+2\ln|x|\right]_1^3=-1-3+2\ln 3-(-3-1)$$

$$=2\ln 3\quad[\text{FE}]$$

107. a) $F(x)=\ln\left|\frac{x}{x-2}\right|=\begin{cases}\ln\frac{x}{x-2} & \text{für } \frac{x}{x-2}>0 \Leftrightarrow x<0 \vee x>2\\ \ln\frac{-x}{x-2} & \text{für } \frac{x}{x-2}<0 \Leftrightarrow 0<x<2\end{cases}$

Nebenrechnung:

$\frac{x}{x-2}>0 \Leftrightarrow x>0 \wedge x-2>0 \quad\vee\quad x<0 \wedge x-2<0$

$\Leftrightarrow x>0 \wedge x>2 \quad\vee\quad x<0 \wedge x<2$

$L_1=]2;\infty[\qquad L_2=]-\infty;0[$

$\frac{x}{x-2}<0 \Leftrightarrow x>0 \wedge x-2<0 \quad\vee\quad x<0 \wedge x-2>0$

$\Leftrightarrow x>0 \wedge x<2 \quad\vee\quad x<0 \wedge x>2$

$L_3=]0;2[\qquad L_4=\{\ \}$

Für $0<x<2$ gilt: $F'(x)=\frac{1}{\frac{-x}{x-2}}\cdot\frac{-1\cdot(x-2)-(-x)}{(x-2)^2}=\frac{-2}{x(x-2)}=f(x)$

Für $x>2$ gilt: $F'(x)=\frac{1}{\frac{x}{x-2}}\cdot\frac{1\cdot(x-2)-x}{(x-2)^2}=\frac{-2}{x(x-2)}=f(x)$

b) $A=-\int_{2,5}^{b}f(x)\,dx=\int_{b}^{2,5}f(x)\,dx=[F(x)]_b^{2,5}$

$=\ln\frac{2,5}{2,5-2}-\ln\frac{b}{b-2}=\ln 5-\ln\frac{b}{b-2}$

c) $\lim\limits_{b\to\infty}A(b)=\lim\limits_{b\to\infty}\left[\ln 5-\ln\frac{b}{b\left(1-\frac{2}{b}\right)}\right]=\ln 5-\ln 1=\ln 5$

Für $b\to\infty$ hat die Flächenmaßzahl A den endlichen Wert ln 5.

108. a) $f(x) = \frac{x^2}{x+1}$; $x \in \mathbb{R} \setminus \{-1\}$

$$\begin{array}{l} x^2 \quad : \quad (x+1) = x - 1 + \frac{1}{x+1} \\ \underline{-(x^2 + x)} \\ \quad -x \\ \quad \underline{-(-x-1)} \\ \qquad 1 \end{array}$$

Die schräge Asymptote hat die Gleichung $y = x - 1$.

b) Wir ermitteln zunächst eine Gleichung der Kurventangente im Punkt $P(-0{,}5 \mid 0{,}5)$:

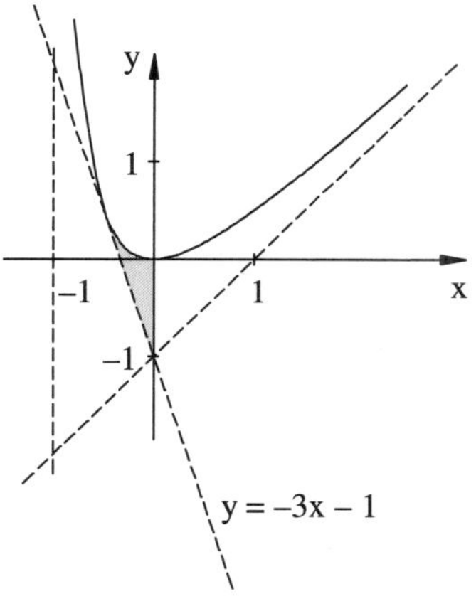

$$f'(x) = \frac{2x(x+1) - x^2}{(x+1)^2} = \frac{2x^2 + 2x - x^2}{(x+1)^2} = \frac{x^2 + 2x}{(x+1)^2}$$

$$m = f'(-0{,}5) = \frac{0{,}25 - 1}{0{,}25} = -3$$

Eingesetzt in die Gleichung

$y = m(x - x_0) + y_0$ mit $x_0 = -0{,}5$ und $y_0 = 0{,}5$

erhalten wir:

$$y = -3(x + 0{,}5) + 0{,}5$$

$$\Leftrightarrow \quad y = -3x - 1$$

Also:

$$A = \int_{-0,5}^{0} \left[\frac{x^2}{x+1} - (-3x-1)\right] dx = \int_{-0,5}^{0} \left(x - 1 + \frac{1}{x+1} + 3x + 1\right) dx$$

$$= \int_{-0,5}^{0} \left(4x + \frac{1}{x+1}\right) dx = \left[2x^2 + \ln|x+1|\right]_{-0,5}^{0} = -(0,5 + \ln 0,5)$$

$$= -0,5 - \ln \tfrac{1}{2} = -0,5 + \ln 2 \approx 0,2 \quad [FE]$$

109. Wir setzen die Koordianten der Punkte A(2 | 1) und B(–4 | –2) in die Funktionsgleichung ein:

$\frac{a}{2+b} = 1$ (1)

$\frac{a}{-4+b} = -2$ (2)

Aus (1) $a = 2 + b$ in (2) $\frac{2+b}{-4+b} = -2$

$\Leftrightarrow \quad 2 + b = 8 - 2b$

$\Leftrightarrow \quad 3b = 6$

$\Leftrightarrow \quad b = 2$, also $a = 4$

Der Graph der Funktion $f\colon x \mapsto \frac{4}{x+2};\ x \in \mathbb{R} \setminus \{-2\}$ geht durch die Punkte A(2 | 1) und B(–4 | –2).

110. $f(x) = \frac{ax+1}{bx+c} = \frac{x\left(a + \frac{1}{x}\right)}{x\left(b + \frac{c}{x}\right)} = \frac{a + \frac{1}{x}}{b + \frac{c}{x}}$

Der Graph von f hat die Gerade $x = -\frac{c}{b}$ als senkrechte Asymptote und die Gerade $y = \frac{a}{b}$ für $|x| \to \infty$ als horizontale Asymptote.

Es gilt also:

$-\frac{c}{b} = 0,5$ (1)

$\frac{a}{b} = 2$ (2)

und mit $A \in G_f$

$\frac{1}{c} = 1 \Leftrightarrow c = 1$ (3)

(3) in (1)

$-\frac{1}{b} = 0{,}5 \quad \Leftrightarrow \quad b = -2$

Eingesetzt in (2):

$\frac{a}{-2} = 2 \quad \Leftrightarrow \quad a = -4$

Die Funktionsgleichung lautet:

$y = \frac{-4x+1}{-2x+1}$ mit $x \in \mathbb{R} \setminus \left\{\frac{1}{2}\right\}$

111. $f(x) = \frac{x^3+b}{ax} = \frac{1}{a} \cdot \frac{x^3+b}{x}$

$f'(x) = \frac{1}{a} \cdot \frac{3x^2 \cdot x - (x^3+b)}{x^2} = \frac{1}{a} \cdot \frac{3x^3 - x^3 - b}{x^2} = \frac{1}{a} \cdot \frac{2x^3-b}{x^2}$

$f''(x) = \frac{1}{a} \cdot \frac{6x^2 \cdot x^2 - (2x^3-b)\,2x}{x^4} = \frac{1}{a} \cdot \frac{2x^4+2bx}{x^4}$

$= \frac{2}{a} \cdot \frac{x^3+b}{x^3}$

Wir erhalten die Bedingungsgleichungen:

$\frac{1}{a} \cdot \frac{8+b}{2} = 2 \qquad (1)$

$\frac{1}{a} \cdot \frac{16-b}{4} = 0 \quad \Leftrightarrow \quad b = 16 \qquad (2)$

(2) in (1) $\quad \frac{1}{a} \cdot \frac{24}{2} = 2 \quad \Leftrightarrow \quad a = 6$

Außerdem gilt:

$f''(2) = \frac{2}{6} \cdot \frac{8+16}{8} = 1 > 0$, womit gezeigt ist, dass an der Stelle x = 2 tatsächlich ein lokaler Extrempunkt vorliegt.

Ergebnis: $f(x) = \frac{x^3+16}{6x}; \quad x \in \mathbb{R} \setminus \{0\}$

112. a) Polynomdivision:

$$(x^3 + a) : (x^2 + 2x + 1) = x - 2 + \frac{3x+a+2}{(x+1)^2}$$
$$\underline{-(x^3 + 2x^2 + x)}$$
$$-2x^2 - x + a$$
$$\underline{-(-2x^2 - 4x - 2)}$$
$$3x + a + 2$$

$$\lim_{|x| \to \infty} |f_a(x) - (x-2)| = 0$$

b) *Nullstellen:*

$g(x) = 0 \iff x = 0$

Also: N(0|0)

Asymptoten:

Die Gerade $x = -1$ ist senkrechte Asymptote.

Die Gerade $y = x - 2$ ist schräge Asymptote.

lokale Extrempunkte:

$$g'(x) = \frac{3x^2(x+1)^2 - x^3 \cdot 2(x+1)}{(x+1)^4} = \frac{3x^2(x+1) - 2x^3}{(x+1)^3}$$
$$= \frac{3x^3 + 3x^2 - 2x^3}{(x+1)^3} = \frac{x^3 + 3x^2}{(x+1)^3} = \frac{x^2(x+3)}{(x+1)^3}$$

$$g''(x) = \frac{(3x^2 + 6x)(x+1)^3 - (x^3 + 3x^2)\,3(x+1)^2}{(x+1)^6}$$
$$= \frac{(3x^2 + 6x)(x+1) - 3(x^3 + 3x^2)}{(x+1)^4}$$
$$= \frac{3x^3 + 3x^2 + 6x^2 + 6x - 3x^3 - 9x^2}{(x+1)^4} = \frac{6x}{(x+1)^4}$$

$g'(x) = 0 \iff x^2(x+3) = 0 \iff x = 0 \lor x = -3$

$g''(-3) < 0$, also Hochpunkt $H\left(-3 \middle| -6\frac{3}{4}\right)$

$g''(0) = 0$, also Sattelpunkt $S(0 \mid 0)$

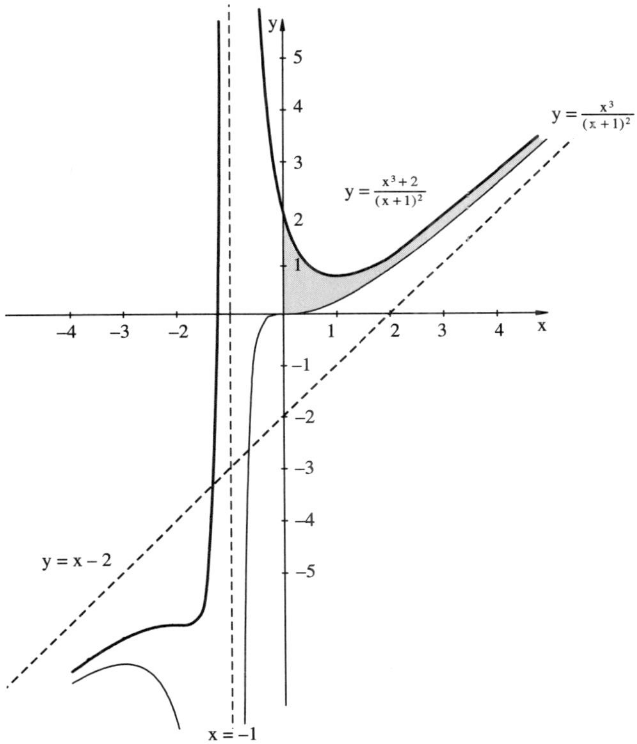

Es ist zu zeigen, dass
$f_2(x) > g(x)$ für $x \geq 0$
Also:

$$\frac{x^3+2}{(x+1)^2} > \frac{x^3}{(x+1)^2} \qquad | \cdot (x+1)^2$$

$\Leftrightarrow \; x^3+2 > x^3$ erfüllt für alle $x \geq 0$.

c) $$A(u) = \int_0^u \left[\frac{x^3+2}{(x+1)^2} - \frac{x^3}{(x+1)^2}\right] dx = \int_0^u \frac{2}{(x+1)^2}\, dx = 2\left[-\frac{1}{x+1}\right]_0^u$$

$$= 2\left(-\frac{1}{u+1}+1\right)$$

$$\lim_{u\to\infty} A(u) = \lim_{u\to\infty} 2\cdot\left(1-\frac{1}{u+1}\right) = 2$$

Die Flächenmaßzahl ist endlich.

113. $f_k(0) = 0 \Leftrightarrow x^2 + 2kx = 0$

$$\Leftrightarrow x(x+2k) = 0 \quad \Leftrightarrow \quad x = 0 \quad \vee \quad x = -2k$$

$$f'_k(x) = \frac{(2x+2k)(x-k)^2 - (x^2+2kx) \cdot 2(x-k)}{(x-k)^4}$$

$$= \frac{2(x+k)(x-k) - 2(x^2+2kx)}{(x-k)^3}$$

$$= 2\frac{x^2-k^2-x^2-2kx}{(x-k)^3} = 2\frac{-k^2-2kx}{(x-k)^3}$$

Aus

$f'_k(-2k) = -\frac{2}{9}$

folgt

$$2\frac{-k^2-2k\cdot(-2k)}{(-3k)^3} = -\frac{2}{9}$$

$$\Leftrightarrow \qquad \frac{3k^2}{-27k^3} = -\frac{1}{9}$$

$$\Leftrightarrow \qquad -\frac{1}{9k} = -\frac{1}{9} \quad \Leftrightarrow \quad k = 1$$

114. Bedingungen:

$f'_{ab}(-5) = 0 \quad \wedge \quad f'_{ab}(-1) = 0 \quad \wedge \quad f''_{ab}(-5) \neq 0 \quad \wedge \quad f''_{ab}(-1) \neq 0$

$$f'_{ab}(x) = \frac{2x(x+b)-(x^2+a)}{(x+b)^2} = \frac{2x^2+2xb-x^2-a}{(x+b)^2} = \frac{x^2+2bx-a}{(x+b)^2}$$

$$f''_{ab}(x) = \frac{2(a+b^2)}{(x+b)^3}$$

Aus $f_{ab}(-5) = 0$ und $f_{ab}(-1) = 0$ folgen die Gleichungen:

$25 - 10b - a = 0 \qquad (1)$

$1 - 2b - a = 0 \qquad (2)$

Aus (1) $a = 25 - 10b$ in (2) $\quad 1 - 2b - 25 + 10b = 0$

$\Leftrightarrow \quad -24 + 8b = 0$

$\Leftrightarrow \quad b = 3$

$a = -5$

Wir prüfen, ob tatsächlich Extrema vorliegen:

$$f''(-5) = \frac{2(-5+9)}{(-5+3)^3} \neq 0$$

$$f''(-1) = \frac{2(-5+9)}{(-1+3)^3} \neq 0$$

115. Es sei $B(x \mid f(x))$, wobei $x > 0$.

Das Dreieck ABC hat den Flächeninhalt

$$A(x) = 2 \cdot \tfrac{1}{2} \cdot x \cdot [1 - f(x)] = x\left(1 - \frac{x^2-4}{x^2+1}\right) = x\,\frac{x^2+1-x^2+4}{x^2+1} = \frac{5x}{x^2+1}$$

$$A'(x) = \frac{5(x^2+1) - 5x \cdot 2x}{(x^2+1)^2} = \frac{5x^2+5-10x^2}{(x^2+1)^2} = \frac{-5x^2+5}{(x^2+1)^2} = \frac{5(1-x^2)}{(x^2+1)^2}$$

relative Extrema von A(x):

$$A'(x) = 0 \Leftrightarrow 1 - x^2 = 0 \quad \wedge \quad x > 0$$

$$\Leftrightarrow \quad x = 1$$

An der Stelle $x = 1$ wechselt das Vorzeichen von $A'(x)$ von + nach –, also liegt an der Stelle $x = 1$ ein relatives Maximum vor.

$A\left(-1 \middle| -\tfrac{3}{2}\right)$ und $B\left(1 \middle| -\tfrac{3}{2}\right)$ sind die Eckpunkte des gleichschenkligen Dreiecks mit dem größten Flächeninhalt $A = 2{,}5$ FE.

116. Nach Pythagoras gilt:

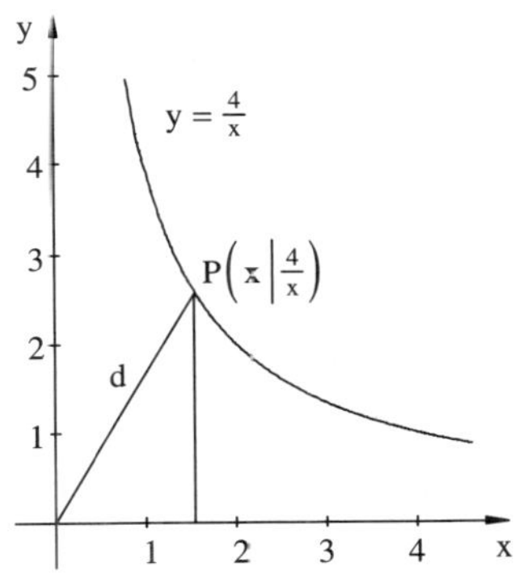

$$d^2 = x^2 + \left(\tfrac{4}{x}\right)^2$$

$$\Leftrightarrow \quad d^2 = x^2 + \frac{16}{x^2}$$

Es genügt, das Abstandsquadrat d^2 zu betrachten, da die Extrema von d^2 und d an den gleichen Stellen liegen.

Also:

$$(d^2)' = 2x - \frac{32}{x^3}$$

$$(d^2)'' = 2 + \frac{96}{x^4}$$

$$(d^2)' = 0 \quad \Leftrightarrow \quad 2x - \frac{32}{x^3} = 0 \quad \Leftrightarrow \quad 2x^4 - 32 = 0$$

$$\Leftrightarrow \quad x^4 = 16 \quad \Leftrightarrow \quad x = 2$$

$[d^2(2)]'' > 0$, also liegt an der Stelle $x = 2$ ein relatives Minimum vor.

Der Kurvenpunkt $(2 \mid 2)$ hat vom Koordinatenursprung den kürzesten Abstand.

2. Lösungen der Übungstests und Übungsklausuren

Test 1

1. Wir setzen die Koordinaten der Kurvenpunkte A(0|2) und B(1|3) in die Funktionsgleichung ein:

$2 = a \cdot e^{k \cdot 0} \Leftrightarrow 2 = a \quad (1)$

$3 = a \cdot e^{k \cdot 1} \Leftrightarrow 3 = a\, e^{k} \quad (2)$

(1) in (2) $\quad 3 = 2 \cdot e^{k} \Leftrightarrow 1{,}5 = e^{k} \Leftrightarrow k = \ln 1{,}5$

Die Funktionsgleichung lautet $y = 2\, e^{x \cdot \ln 1{,}5}$

2. a) $e^{-3 \ln 0{,}4} = e^{-\ln(0{,}4)^3} = \frac{1}{e^{\ln(0{,}4)^3}} = \frac{1}{0{,}4^3} = 15{,}625$

b) $e^{\ln 4 - \ln 5} = e^{\ln \frac{4}{5}} = \frac{4}{5} = 0{,}8$

c) $\ln\left(\frac{\sqrt{e}}{e^2}\right) = \ln\left(e^{\frac{1}{2} - 2}\right) = \ln e^{-1{,}5} = -1{,}5$

3. a) $\frac{1}{2} \ln x = -1 \wedge x \in \mathbb{R}^+$

$\Leftrightarrow \quad \ln x = -2$

$\Leftrightarrow \quad x = e^{-2}$

b) $10^{2x} = 1000 \wedge x \in \mathbb{R}$

$\Leftrightarrow \quad 10^{2x} = 10^3$

$\Leftrightarrow \quad 2x = 3 \Leftrightarrow x = 1{,}5$

c) $10 e^{0{,}1x} = 40 \wedge x \in \mathbb{R}$

$\Leftrightarrow \quad e^{0{,}1x} = 4$

$\Leftrightarrow \quad 0{,}1x = \ln 4$

$\Leftrightarrow \quad x = 10 \ln 4 = 20 \ln 2$

d) $e^{1-0{,}5x^2} = 1 \quad \wedge \quad x \in \mathbb{R}$

$\Leftrightarrow \quad 1 - 0{,}5x^2 = 0$

$\Leftrightarrow \quad 0{,}5x^2 = 1 \quad \Leftrightarrow \quad x^2 = 2 \quad \Leftrightarrow \quad x = \sqrt{2} \quad \vee \quad x = -\sqrt{2}$

4. Schnittpunkt mit der y-Achse:
$y = e^0 - 2 \cdot 0 = 1$, also $S_y(0 \mid 1)$

Kurventangente im Punkt $(0 \mid 1)$:
$y' = e^x - 2$

Die Tangente hat die Steigung $m = e^0 - 2 = 1 - 2 = -1$

Gleichung der Tangente:

$\frac{y-1}{x-0} = -1 \quad \Leftrightarrow \quad y - 1 = -x \quad \Leftrightarrow \quad y = -x + 1$

Test 2

1. a) wahr

b) falsch

c) wahr

d) falsch

2. $f'(x) = 2x \cdot e^{-0{,}5x} + x^2 \cdot e^{-0{,}5x} \cdot (-0{,}5) = x\,e^{-0{,}5x}(2 - 0{,}5x)$

3. a) $(e^x - 2)^2 = 0 \quad \wedge \quad x \in \mathbb{R}$

$\Leftrightarrow \quad e^x - 2 = 0$

$\Leftrightarrow \quad e^x = 2 \quad \Leftrightarrow \quad x = \ln 2$

b) $f'(x) = 2(e^x - 2) \cdot e^x = 2\,e^x(e^x - 2)$

$f'(x) > 0$ für alle $e^x - 2 > 0 \quad \Leftrightarrow \quad e^x > 2 \quad \Leftrightarrow \quad x > \ln 2$

$f'(x) < 0$ für alle $e^x - 2 < 0 \quad \Leftrightarrow \quad e^x < 2 \quad \Leftrightarrow \quad x < \ln 2$

4. $f(x) = e^x (e^{-x} - 1) = e^0 - e^x = 1 - e^x$
$F_C(x) = x - e^x + C;\ C \in \mathbb{R}$

Beispiel:
$F(x) = x - e^x + \sqrt{2}$ ist eine Stammfunktion zu $f(x) = e^x(e^{-x} - 1)$

Klausur 1

1. a) $f(x) = 0$, wo $x + 1 = 0 \Leftrightarrow x = -1$
Nullstelle: -1

b) $\lim\limits_{x \to +\infty} 4(x+1)e^{-2x} = \lim\limits_{x \to +\infty} \frac{4(x+1)}{e^{2x}} = 0$

$\lim\limits_{x \to -\infty} 4(x+1)e^{-2x} = \lim\limits_{x \to +\infty} 4(-x+1)\,e^{2x} = -\infty$

c) $f(x) = 4(x+1)e^{-2x}$

$f'(x) = 4[1 \cdot e^{-2x} + (x+1)\,e^{-2x} \cdot (-2)] = 4\,e^{-2x}\,(1-2x-2)$

$= 4\,e^{-2x}\,(-1-2x) = -4\,e^{-2x}\,(1+2x)$

$f'(x) = 0 \Leftrightarrow 1+2x = 0 \Leftrightarrow x = -\frac{1}{2}$

An der Stelle $x = -\frac{1}{2}$ wechselt das Vorzeichen von f ' von + nach –. Daraus folgt, dass an der Stelle $x = -\frac{1}{2}$ ein Hochpunkt vorliegt. Aus $f\left(-\frac{1}{2}\right) = 2\,e$ folgt, dass $H\left(-\frac{1}{2} \middle| 2\,e\right)$ Hochpunkt des Graphen von f ist. Weitere Extrempunkte gibt es nicht.

d) $f(-1{,}25) = 4\,(-1{,}25 + 1)\,e^{2{,}5} \approx -12{,}2$

$f(0) = 4$

$f(0{,}5) = 4 \cdot 1{,}5 \cdot e^{-1} \approx 2{,}2$

$f(1) = 8 \cdot e^{-2} \approx 1{,}1$

$f(2) = 12 \cdot e^{-4} \approx 0{,}2$

e)

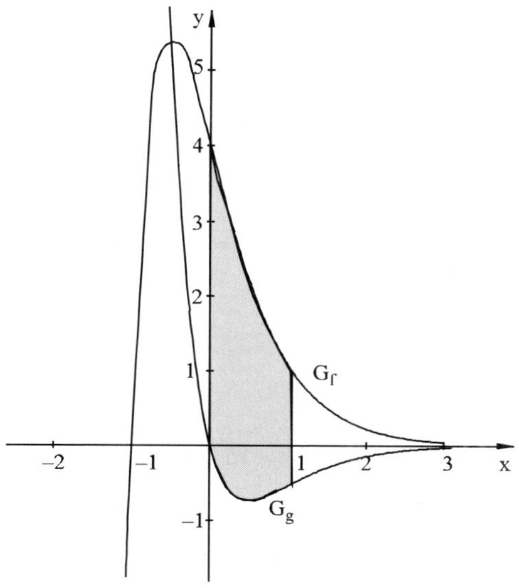

f) $f(x) = 4(x+1)\,e^{-2x}$

$f'(x) = -4(1+2x)\,e^{-2x}$

$f(x)+f'(x) = 4(x+1)\,e^{-2x} - 4(1+2x)e^{-2x} = 4\,e^{-2x}(x+1-1-2x)$

$= 4\,e^{-2x}(-x) = -4x\,e^{-2x} = g(x)$

womit die Behauptung bewiesen ist.

g) $A = \int_0^1 [f(x)-g(x)]\,dx = \int_0^1 -f'(x)\,dx = -\int_0^1 f'(x)\,dx = -[f(1)-f(0)]$

$\approx -(1{,}1-4) = 2{,}9 \;[FE]$

2. $4(x+1)\,e^{-2x} = -4x\,e^{-2x}$

$\Leftrightarrow \quad 4(x+1) = -4x$

$\Leftrightarrow \quad 4x+4 = -4x$

$\Leftrightarrow \quad 8x = -4 \quad \Leftrightarrow \quad x = -\frac{1}{2}$

3. a) $\frac{1}{2}(e^2 - e^{-2}) - \sqrt{e} \approx 1{,}98$

b) $\int_0^1 \left(e^{-x} - \frac{x}{3}\right) dx = \left[-e^{-x} - \frac{x^2}{6}\right]_0^1 = -e^{-1} - \frac{1}{6} - (-1) = -e^{-1} + \frac{5}{6} \approx 0{,}47$

c) $(e^{\ln \sqrt{e}}) : 3\sqrt{e} - e^{-\ln \frac{1}{2}} = \frac{\sqrt{e}}{3\sqrt{e}} - e^{\ln 2} = \frac{1}{3} - 2 = -\frac{5}{3} \approx -1{,}67$

Test 3

1. $\frac{1}{4}\ln 16 - \ln 2 + \frac{1}{3}\ln 27 - \ln e^2 - \ln 3 = \frac{1}{4}\ln 2^4 - \ln 2 + \frac{1}{3}\ln 3^3 - 2\ln e - \ln 3$

$= 4 \cdot \frac{1}{4}\ln 2 - \ln 2 + 3 \cdot \frac{1}{3}\ln 3 - 2 - \ln 3$

$= \ln 2 - \ln 2 + \ln 3 - 2 - \ln 3 = -2$

2. a) $\frac{1}{x} - 2 > 0 \quad \wedge \quad x > 0$

$\Leftrightarrow \quad \frac{1}{x} > 2 \quad | \cdot x$

$\Leftrightarrow \quad 1 > 2x$

$\Leftrightarrow \quad 0 < x < \frac{1}{2}$

$D_f = \left]0; \frac{1}{2}\right[$

b) $f'(x) = \frac{1}{\frac{1}{x} - 2} \cdot \left(-\frac{1}{x^2}\right) = \frac{1}{\frac{1-2x}{x}} \cdot \left(-\frac{1}{x^2}\right) = \frac{x}{1-2x} \cdot \left(-\frac{1}{x^2}\right) = -\frac{1}{x(1-2x)}$

3. $f(x) = 0$, wo $(\ln x)^2 - \ln x = 0$

$\Leftrightarrow \quad \ln x(\ln x - 1) = 0$

$\Leftrightarrow \quad \ln x = 0 \quad \vee \quad \ln x - 1 = 0$

$\Leftrightarrow \quad x = 1 \quad \vee \quad \ln x = 1$

$\Leftrightarrow \quad x = 1 \quad \vee \quad x = e$

Nullstellen: 1; e

4. $f(x) = 2 \ln x$

$f'(x) = \frac{2}{x};\ f'(1) = 2$

Gleichung der Tangente im Punkt P(1 | 0):

$y = mx + t$ mit $m = 2$

$y = 2x + t$

Darin (1 | 0) eingesetzt:

$0 = 2 + t \iff t = -2$

Also:

$y = 2x - 2$

Klausur 2

1. a) $x + 1 > 0 \ \wedge \ x > 0$

$\iff x > -1$

$D_f =]-1; \infty[$

b) $f'(x) = \frac{1}{x+1} > 0$ für alle $x \in D_f =]-1; \infty[$

Der Graph von f ist im gesamten Definitionsbereich streng monoton steigend.

c) $f(0) = 2$, also $S_y\,(0 | 2)$

$2 + \ln(x+1) = 0 \iff \ln(x+1) = -2$

$\iff x + 1 = e^{-2}$

$\iff x = e^{-2} - 1$

Also: $S_x(e^{-2} - 1 \approx -0{,}9 | 0)$

d)

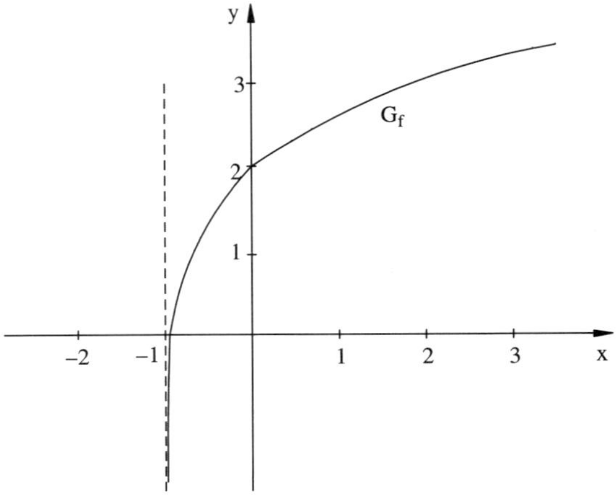

e) $F'(x) = 1 + \left[1 \cdot \ln(x+1) + (1+x) \cdot \frac{1}{x+1}\right] = 1 + \ln(x+1) + 1$

$= 2 + \ln(x+1) = f(x)$

f) $A = \int\limits_{e^{-2}-1}^{0} [2 + \ln(x+1)]\, dx = [-1 + x + (1+x)\ln(x+1)]_{e^{-2}-1}^{0}$

$= -1 - [-1 + e^{-2} - 1 + (e^{-2})\ln e^{-2}] = -1 - [-2 + e^{-2} + e^{-2} \cdot (-2)]$

$= -1 + 2 + e^{-2} = 1 + e^{-2} \approx 1{,}14$

2. $\int\limits_2^7 \frac{x}{x^2+5}\, dx = \frac{1}{2}\int\limits_2^7 \frac{2x}{x^2+5}\, dx = \frac{1}{2}[\ln(x^2+5)]_2^7 = \frac{1}{2}(\ln 54 - \ln 9)$

$= \frac{1}{2}\ln\frac{54}{9} = \frac{1}{2}\ln 6$

3. a) $f(x) = \ln x$

$f'(x) = \frac{1}{x};\ f'(1) = 1$

Gleichung der Tangente im Kurvenpunkt P(1 | 0):

$y = 1 \cdot x + t$

(1 | 0) eingesetzt:
$0 = 1 + t \iff t = -1$

Also:
$y = x - 1$

b) Wir formen die Funktionsgleichung um:

$$g(x) = 1 - \frac{\ln x}{x} - \frac{1}{x} = \frac{1}{x}(x - \ln x - 1) = \frac{1}{x}(x - 1 - \ln x)$$

$$g(x) = 0 \iff x - 1 - \ln x = 0$$
$$\iff \quad x - 1 = \ln x$$

Aus Teilaufgabe a wissen wir, dass diese Gleichung genau eine Lösung hat, nämlich x = 1. Folglich ist x = 1 einzige Nullstelle der Funktion g.

Test 4

1. a) $D_f = \mathbb{R} \setminus \{0\}$

b) $D_f = \mathbb{R} \setminus \{0; 1\}$

2. Der Graph von f hat zwei Asymptoten:
Die Gerade x = 2 ist senkrechte Asymptote, die Gerade y = 1 ist horizontale Asymptote.

3. a)

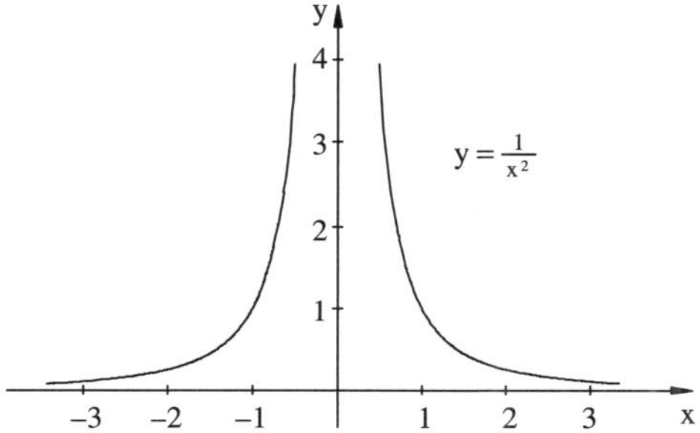

b) 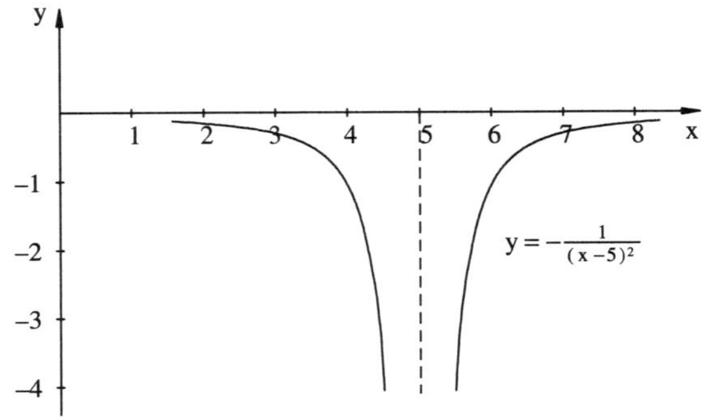

4. a) Die zugehörige Funktionsgleichung ist $f(x) = \frac{x}{x^2 - 4}$

b) Die zugehörige Funktionsgleichung ist $f(x) = \frac{3}{x(x-2)^2}$

5. $f(x) = \frac{x^2}{x^2 - 1}; \quad x \in \mathbb{R} \setminus \{1; -1\}$

$$f'(x) = \frac{2x(x^2-1) - x^2 \cdot 2x}{(x^2-1)^2} = \frac{2x^3 - 2x - 2x^3}{(x^2-1)^2} = \frac{-2x}{(x^2-1)^2}$$

$f'(x) > 0$ für $-\infty < x < -1 \quad \vee \quad -1 < x < 0$

$f'(x) < 0$ für $0 < x < 1 \quad \vee \quad 1 < + < \infty$

6. $f(x) = \frac{1}{1 + x^2}; \; x \in \mathbb{R}$

$$f'(x) = \frac{-2x}{(1 + x^2)^2}$$

$f\left(\frac{\sqrt{3}}{3}\right) = f\left(-\frac{\sqrt{3}}{3}\right) = \frac{3}{4}$, also $W_1\left(-\frac{\sqrt{3}}{3} \middle| \frac{3}{4}\right)$ und $W_2\left(\frac{\sqrt{3}}{3} \middle| \frac{3}{4}\right)$

$f'\left(-\frac{\sqrt{3}}{3}\right) = \frac{3}{8}\sqrt{3}; \; f'\left(\frac{\sqrt{3}}{3}\right) = -\frac{3}{8}\sqrt{3}$

Gleichung der Wendetangente t_1 in W_1:

$y = \frac{3}{8}\sqrt{3}x + t$

$W_1\left(-\frac{\sqrt{3}}{3}\middle|\frac{3}{4}\right)$ eingesetzt, liefert:

$\frac{3}{4}=\frac{3}{8}\sqrt{3}\cdot\left(-\frac{\sqrt{3}}{3}\right)+t \;\Leftrightarrow\; \frac{3}{4}=-\frac{3}{8}+t \;\Leftrightarrow\; t=\frac{9}{8}$

Also:

$t_1:\; y=\frac{3}{8}\sqrt{3}x+\frac{9}{8}$

Aus Symmetriegründen gilt für die Gleichung der Wendetangente t_2 in W_2:

$t_2:\; y=-\frac{3}{8}\sqrt{3}x+\frac{9}{8}$.

Die Tangenten t_1 und t_2 schneiden einander auf der y-Achse an der Stelle $y_0=\frac{9}{8}$.

Schnittstelle der Tangente t_1 mit der x-Achse:

$\frac{3}{8}\sqrt{3}\,x_1+\frac{9}{8}=0 \;\Leftrightarrow\; x_1=-\frac{3}{\sqrt{3}}=-\sqrt{3}$

Schnittstelle der Tangente t_2 mit der x-Achse: $x_2=\sqrt{3}$

Der Inhalt des Dreiecks ist damit:

$A=\frac{1}{2}(\sqrt{3}+\sqrt{3})\cdot\frac{9}{8}=\frac{9}{8}\sqrt{3}\approx 1{,}95$ [FE].

Klausur 3

1. a) $D_f=\mathbb{R}\setminus\{1\}$

b) $f(x)=\frac{-x^2+2x}{(x-1)^2}=\frac{-x^2+2x}{x^2-2x+1}$

senkrechte Asymptote: $x=1$

horizontale Asymptote: $y=-1$

Nachweis:

$$\lim_{|x|\to\infty} f(x)=\lim_{|x|\to\infty}\frac{-x^2+2x}{x^2-2x+1}=\lim_{|x|\to\infty}\frac{x^2\left(-1+\frac{2}{x}\right)}{x^2\left(1-\frac{2}{x}+\frac{1}{x^2}\right)}=\lim_{|x|\to\infty}\frac{-1+\frac{2}{x}}{1-\frac{2}{x}+\frac{1}{x^2}}=-1$$

c) $f'(x)>0$ für $x<1$

$f'(x)<0$ für $x>1$

d) $f(x) = 0,$ wo $\quad 2x - x^2 = 0 \quad \wedge \quad x \in \mathbb{R} \setminus \{1\}$

$\Leftrightarrow \; x(2 - x) = 0 \;\Leftrightarrow\; x = 0 \;\vee\; x = 2$

Nullstellen: 0; 2

$f'(x) \neq 0$ für alle $x \in \mathbb{R} \setminus \{1\}$

Die Funktion hat keine relativen Extrema.

e)

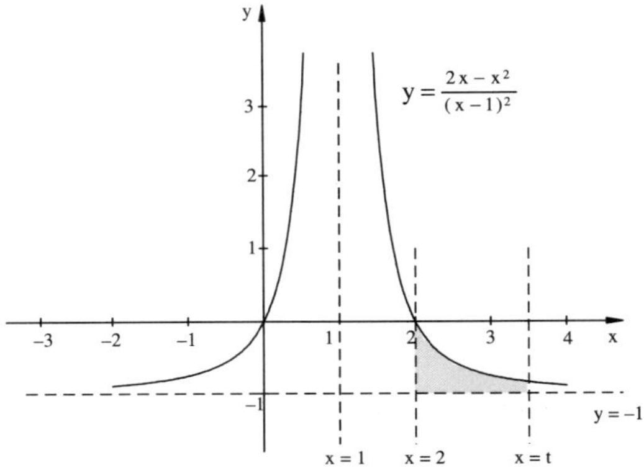

f) $F'(x) = \dfrac{2x(1-x) - x^2\cdot(-1)}{(1-x)^2} = \dfrac{2x - 2x^2 + x^2}{(1-x)^2} = \dfrac{2x - x^2}{(1-x)^2} = f(x)$

g) $A(t) = (t-2)\cdot 1 - \left| \displaystyle\int_2^t \frac{2x - x^2}{(x-1)^2}\,dx \right| = (t-2) - \left| \left[\frac{x^2}{1-x} \right]_2^t \right|$

$= t - 2 - \left| \dfrac{t^2}{1-t} - \dfrac{4}{-1} \right| = t - 2 - \left| \dfrac{t^2}{1-t} + 4 \right|$

$= t - 2 - \left[-\left(\dfrac{t^2}{1-t} + 4 \right) \right] = t - 2 + \dfrac{t^2}{1-t} + 4 = t + \dfrac{t^2}{1-t} + 2$

$\lim\limits_{t\to\infty} \left(\dfrac{t^2}{1-t} + t + 2 \right) = \lim\limits_{t\to\infty} \left(-t - 1 + \dfrac{1}{1-t} + t + 2 \right) = \lim\limits_{t\to\infty} \left(\dfrac{1}{1-t} + 1 \right) = 1$

Nebenrechnung:

$t^2 : (1-t) = t^2 : (-t+1) = -t - 1 + \dfrac{1}{-t+1}$

$\underline{-(t^2 - t)}$

$\quad +t$

$\quad \underline{-(+t-1)}$

$\qquad 1$

2. $A_1 = \left| \int_1^3 \left(\frac{1}{x^2} - 1 \right) dx \right| = \left| \left[-\frac{1}{x} - x \right]_1^3 \right| = \left| -\frac{1}{3} - 3 - (-1-1) \right| = \left| -\frac{10}{3} + 2 \right| = \frac{4}{3}$ [FE]

Wir berechnen zunächst die Schnittstelle der Geraden y = 3 mit dem Graphen der Funktion f:

$$\frac{1}{x^2} - 1 = 3 \iff \frac{1}{x^2} = 4 \iff x^2 = \frac{1}{4}$$

$$\iff \quad x = \frac{1}{2} \ \vee \ x = -\frac{1}{2}$$

$$A_2 = 3 \cdot \frac{1}{2} - \int_{-1}^{-0,5} \left(\frac{1}{x^2} - 1 \right) dx = \frac{3}{2} - \left[-\frac{1}{x} - x \right]_{-1}^{-0,5} = \frac{3}{2} - [2 + 0,5 - (1+1)]$$

$$= \frac{3}{2} - \frac{1}{2} = 1 \text{ [FE]}$$

3. a) $f(x) = \dfrac{x^2 + 2x - 4}{2x - 4}$

Polynomdivision:

$$\begin{array}{l} (x^2 + 2x - 4) : (2x - 4) = \frac{x}{2} + 2 + \frac{4}{2x - 4} \\ \underline{-(x^2 - 2x)} \\ \quad\quad 4x - 4 \\ \quad \underline{-(4x - 8)} \\ \quad\quad\quad 4 \end{array}$$

$$f(x) = \frac{x}{2} + 2 + \frac{4}{2(x-2)} = \frac{x}{2} + 2 + \frac{2}{x-2}$$

b) $f(x) = \frac{x}{2} + 2 + \frac{2}{x-2}$

$f'(x) = \frac{1}{2} + \frac{-2}{(x-2)^2}$

$f'(1) = \frac{1}{2} - \frac{2}{1} = -\frac{3}{2}$

$f(1) = \frac{1+2-4}{2(-1)} = \frac{1}{2}$

Gleichung der Tangente im Kurvenpunkt $\left(1\middle|\frac{1}{2}\right)$:

$$\frac{y-\frac{1}{2}}{x-1}=-\frac{3}{2} \Leftrightarrow y-\frac{1}{2}=-\frac{3}{2}x+\frac{3}{2}$$

$$\Leftrightarrow \quad y=-\frac{3}{2}x+2$$

$$A=\int_0^1\left[-\frac{3}{2}x+2-\left(\frac{x}{2}+2+\frac{2}{x-2}\right)\right]dx=\int_0^1\left(-\frac{3}{2}x+2-\frac{x}{2}-2-\frac{2}{x-2}\right)dx$$

$$=\int_0^1\left(-2x-\frac{2}{x-2}\right)dx=\left[-x^2-2\ln|x-2|\right]_0^1=-1-2\ln 1+2\ln 2$$

$$=-1+2\ln 2\approx 0{,}4 \ \text{[FE]}$$

Leerseiten verbilligen in diesem Fall die Herstellung des Buches!

Leerseiten verbilligen in diesem Fall die Herstellung des Buches!

Ihre Meinung ist uns wichtig!

Ihre Anregungen sind uns immer willkommen. Bitte informieren Sie uns mit diesem Schein über Ihre Verbesserungsvorschläge!

Titel-Nr.	Seite	Vorschlag

Bitte hier abtrennen

Zutreffendes bitte ankreuzen!

Die Absenderin/der Absender ist:

- ☐ Lehrer/in in den Klassenstufen: ______
- ☐ Fachbetreuer/in
  Fächer: ______
- ☐ Seminarlehrer/in
  Fächer: ______
- ☐ Regierungsfachberater/in
  Fächer: ______
- ☐ Oberstufenbetreuer/in
- ☐ Schulleiter/in
- ☐ Referendar/in, Termin 2. Staatsexamen: ______
- ☐ Leiter/in Lehrerbibliothek
- ☐ Leiter/in Schülerbibliothek
- ☐ Sekretariat
- ☐ Eltern
- ☐ Schüler/in, Klasse: ______
- ☐ Sonstiges: ______

Unterrichtsfächer: (Bei Lehrkräften!)

______

STARK Verlag
Postfach 1852
85318 Freising

14-V1T

Bitte ausfüllen und im frankierten Umschlag an uns einsenden. Für Fensterkuverts geeignet.

Kennen Sie Ihre Kundennummer? Bitte hier eintragen.

Absender (Bitte in Druckbuchstaben!)

Name/Vorname

Straße/Nr.

PLZ/Ort

Telefon privat **Geburtsjahr**

E-Mail-Adresse

Schule/Schulstempel (Bitte immer angeben!)

(Bitte blättern Sie um)